家庭服务业规范化培训教材

家政服务员

发展家庭服务业促进就业部际联席会议办公室组织编审

中国劳动社会保障出版社

图书在版编目(CIP)数据

家政服务员/卓长立，高玉芝主编. —北京：中国劳动社会保障出版社，2012

家庭服务业规范化培训教材

ISBN 978-7-5045-9764-9

Ⅰ.①家… Ⅱ.①卓…②高… Ⅲ.①家政服务-技术培训-教材 Ⅳ.①TS976.7

中国版本图书馆 CIP 数据核字(2012)第 159486 号

中国劳动社会保障出版社出版发行

（北京市惠新东街 1 号　邮政编码：100029）

出 版 人：张梦欣

*

中国铁道出版社印刷厂印刷装订　新华书店经销

787 毫米×1092 毫米　16 开本　15.5 印张　224 千字

2012 年 7 月第 1 版　　2019 年 3 月第 10 次印刷

定价：32.00 元

读者服务部电话：（010） 64929211/64921644/84626437

营销部电话：（010） 64961894

出版社网址：http://www.class.com.cn

家庭服务业规范化培训教材

编审委员会

编审人员

主　编： 卓长立　高玉芝

参　编： 石广芸　赵恒振　王　钰　李继生　陈　平　孙晓林

审　稿： 朱运致

前言

根据《国务院办公厅关于发展家庭服务业的指导意见》（国办发［2010］43号）文件精神，为大力发展家庭服务业，提高家庭服务从业人员职业素养和职业技能，在发展家庭服务业促进就业部际联席会议办公室组织下，我们编写了家庭服务业规范化培训教材，首批包括《家庭服务从业人员职业指导与权益维护》《家庭服务从业人员职业道德》《家政服务员》《养老护理》《母婴护理》《病患陪护》6种教材。

为使教材贴近行业用人需求，我们做了大量调研工作，重点选取山东、湖南、广东、辽宁、内蒙古等省、自治区，对百余家家政服务企业和家政服务培训机构开展问卷调查，获取了较为全面翔实的第一手信息。同时，我们还组织了一支过硬的教材编审队伍，其中包括参与家庭服务相关国家职业技能标准编写和审定的专家、来自全国“千户百强家庭服务企业”的技术能手、职业培训教育领域的专家和家庭服务业政策理论研究专家等。经过历时一年多的精心打造，最终使这套教材呈现在大家面前。

在教材编写过程中，我们始终坚持以国家职业技能标准为依据，在内容上体现“以职业活动为导向、以职业能力为核心”的指导思想，突出被培训者实际操作技能、统筹计划能力、人际沟通能力等综合能力的培养。考虑到家庭服务地域性特点，在坚持教材内容通用性、普遍性的基础上，适当兼顾内容的差异性需求。同时从被培训者实际水平出发，力求语言通俗易懂、图文并茂，增强教材的可读性。此外，还注重在教材中反映行业发展的新知识、新理念、新方法和新技术，努力提高教材的先进性。

这套教材适合于各级各类职业培训机构开展家庭服务相关职业培训时使用，也可作为家庭服务从业人员工作指导手册。欢迎广大读者对教材中存在的不足之处提出宝贵意见和建议。

家庭服务业规范化培训教材编审委员会

目录

1 第一章　走进家政服务

随着社会经济的发展，生活现代化、家庭小型化、人口老龄化、服务社会化步伐的加快，家政服务工作越来越受到社会的欢迎和认可。如今家庭服务业已经成为国家重点发展的朝阳产业，家政服务员的地位也随之提高。家政服务员是和营业员、护士、幼儿园保育员等一样的服务行业工作者，一样地为人需要，受人尊重。

第一节　了解家政服务员岗位

家庭是社会的基本构成元素之一，每个家庭都有其不同的个性表现，需求也不尽一样。家政服务员以家庭为服务对象，向家庭提供各类劳务，满足家庭生活需求。要想成为一名合格的家政服务员，首先应对家政服务员岗位有一个清晰、全面、正确的认识，知道自己干什么，怎么干。

一、家政服务员岗位认知

国家职业标准对“家政服务员”这一职业是这样定义的：家政服务员是“进入家庭并根据合同约定为所服务的家庭提供家务服务的人员”。家政服务员是规范化的职业，有地位，有保障。下面我们就从工作场所、上岗方式和服务对象这三个方面来认识这一岗位。

1．家政服务员的工作场所

服务于家庭是家政服务员的基本职业定位。由于大部分家政服务需求都来自中高层收入的家庭，因此，相对于许多室外作业而言，家政服务员的工作环境还是比较优越的。但是，家庭环境的不同，成员结构的不同，服务需求的不同等，又使家政服务员的工作场所兼具多样性的特点。这就要求家政服务员既要能干活，还要会干活，要有待人接物、处理人际关系以及快速适应不同家庭环境等方面的社会能力。

案例与点评

家政服务员小王受聘在上一个客户家里管理家务时，由于性格外向，干活主动、利落，加之客户性格比较随和，双方相处得非常融洽，无论小王怎么收拾家务，他们都很少提出相反意见。而受聘的现在这户家庭，风格完全不同于上一家，有时，小王兴冲冲地拿起一件东西，客户马上就说："哎，那个不能动！"小王做一件事情，客户又说："你怎么这么干呢？"小王刚刚收拾完房间，客户忙不迭地跑过来："这些东西不能放在这里。"小王的满腔热情被泼了一盆冷水，情绪一下子从山顶跌入谷底。

【点评】能干，有热情，这是家政服务员小王非常可贵的一面，但是应变和适应能力差无疑是小王的"致命伤"。以固定不变的方式去服务完全不同的家庭，的确容易出现问题。一个成熟的家政服务员应当能够适应不同家庭的需要，家庭变换了，心态也要跟着变化，一切应跟着客户的需要走。如果小王刚来到第二个家庭时，就虚心地与客户进行沟通，对客户的要求作一个大概的了解，及时调整自己的心态，遇事先征求客户意见，也就不会出现案例中的那种尴尬了。

2. 家政服务员的上岗方式

家政服务员必须签订服务合同，根据合同约定上岗服务，这是现代家政服务员与传统家政服务员的根本区别。目前，在合同环境下，家政服务员上岗一般有以下两种方式。

一是通过中介联络上岗。家政服务员与中介公司没有隶属关系，中介公司为家政服务员和客户提供信息服务，负责为供需双方办理"家政服务合同"的签订或解除手续，签订合同的主体是家政服务员、客户和中介公司三方。

二是通过所在的家政服务公司安排上岗。家政服务员作为家政服务公司的员工，首先与家政服务公司签订劳动合同，客户需要家政服务，直接与家政服务公司洽谈服务人选及相关事宜，双方签订家政服务合同后，由家政服务公司派遣服务人员。客户将服务费交到家政服务公司，家政服务公司给为该客户服务的家政服务员发放工资。

不管采用哪一种上岗方式，家政服务员都必须签订服务合同，这是家政服务员维护自身合法权益的可靠保障。

案例与点评

某客户与家政服务公司签订了家政服务合同，家政服务员李姐按约定进入客户家庭服务。经过一段时间的接触，客户感觉李姐工作还不错，有意长期聘用她。为了增加留住她的筹码，客户与李姐商量："我每月多给你50元工钱，你就长期在我家干吧，我们也不必再和公司续签合同了，这样还省了管理费。"李姐一听也觉得划算，就答应了。

时间一天天过去，转眼又到了发工资的日子，但客户的承诺迟迟没有兑现。李姐向客户提了几次，得到的回答总是"再等等。"无奈之下，李姐又回到公司说明情况，但此时她与公司已没有合同关系，她遇到的问题公司也不会出面解决。

【点评】 不要小看这一纸合同，这是合同双方权益的法律保障，也是家政服务规范化、职业化、现代化的标志之一。李姐因贪图一点小利而放弃了自己的合同权益，吃了亏，也失去了自己的维权凭证。其实，失去了合同的保障，李姐失去的还不只眼前的小利，她在公司的连续工龄与晋级机会也都失去了。

3. 家政服务员的服务对象

家政服务员的服务对象既包括被服务家庭，也包括被服务家庭内的各类成员。家庭各式各样，成员有男，有女，有老，有幼，不同的家庭构成所产生的服务需求就会存在差异，如有的需要照看小孩，有的需要照料老人，有的需要陪护病人，等等。总之，家政服务员在做好面对多样化服务对象的心理准备的同时，还要明确不同服务对象的需求要对应不同的服务方式和服务内容。

二、家政服务员岗位工作内容

家政服务员岗位工作内容，概括地说，就四个字——接物待人，"接物"就是操持居家事务，"待人"就是照料家庭成员，如图1—1所示。

1. 制作家庭餐

（1）了解客户的饮食习惯和消费水平。

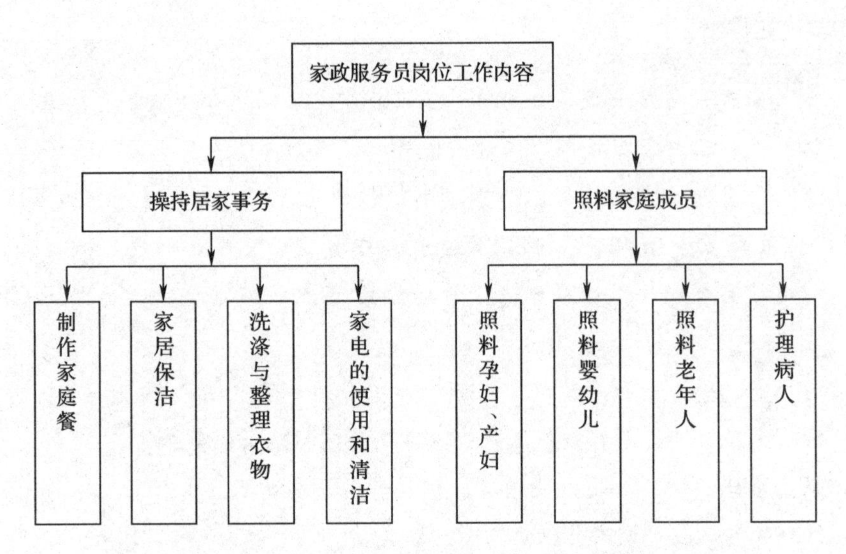

图 1—1　家政服务员岗位工作内容结构图

（2）识别各种食品原料，如果蔬、禽蛋、鱼、肉、粮油等食品或客户委托交代的其他物品，并进行有计划的采购和记账。

（3）根据客户口味要求，设计简单菜谱，烹饪一日三餐。

2. 家居保洁

（1）居室卫生：清洁地面、墙面、门窗、床铺等，保持室内空气流通，消除香烟、垃圾等产生的异味，驱除蚊蝇、蟑螂、蚂蚁及老鼠等。

（2）厨房卫生：清洁墙面、橱柜、灶具、灶台、厨具、水盆、地面等，及时去除各类油渍、烟垢，处理垃圾等。

（3）卫生间及其附属设施卫生：清洁面盆、浴盆、坐便器、墩布池、化妆台、化妆镜、墙面、地面等，清除表面的灰尘、污垢、水渍等。

（4）清洁与保养家具及其他设施。

3. 洗涤与整理衣物

（1）正确洗涤不同质地的衣物，去除各类污渍。

（2）对毛纺织物、丝绸、棉布、皮革等不同质地的衣物采取合理的保养措施。

（3）正确折叠常见衣物，合理分类摆放。

4. 家电的使用和清洁

参照各类家用电器说明书或遵客户指导和要求，在了解其性能和用途的基础上，按照安全操作规程正确使用和清洁。

5. 照料孕妇、产妇

（1）根据孕妇的饮食要求，制作孕妇餐；照料孕妇日常盥洗和沐浴；指导并帮助孕妇适量运动等。

（2）运用产妇的营养饮食知识，做好产妇的饮食护理；照料产妇盥洗和沐浴；预防、护理哺乳期妇女的常见疾病。

6. 照料婴幼儿

为婴幼儿调配奶粉，给婴幼儿喂奶、喂饭和喂水；清洁婴幼儿餐具和其他用品；给婴幼儿进行日常盥洗；对婴幼儿常见疾病进行护理，灵活应对可能出现的诸多异常情况等。

7. 照料老年人

照料老年人起居，安排老年人饮食，灵活应对可能出现的诸多异常情况。

8. 护理病人

料理病人饮食，帮助病人服药，照料病人起居，发现病人出现异常情况时及时呼救。

三、家政服务员任职要求

1. 从事家政服务工作，应符合国家法定工作年龄，持有合法身份证。

2. 持有家政服务员职业资格证书，具有从事家政服务工作的基本知识和技能，以及一定的学习能力和人际交往能力。一般情况下，家政服务员先培训后上岗，不拿证不进家。

3. 具有良好的职业道德、社会公德和服务意识，遵纪守法，讲文明，讲礼貌，诚实守信，尊老爱幼。

4. 能够吃苦耐劳，承受较为繁重的家务劳动。

5. 进行家政服务工作前，要去正规的医院进行身体检查，取得健康证。有的客户要求家政服务员最先出示的就是健康证。有传染病、精神病、癫痫病史的人是不能从事家政服务工作的。

第二节　家政服务员上岗提示

家政服务员的工作既多又杂，那些看起来平平常常的家务活，实际上也暗含着其内部规律性，暗含着家庭人际关系的调整。看似无序的家务劳动，为什么有人干起来井井有条，有人干起来却拖泥带水，有人与客户家庭和谐相处、亲如一家，有人却让客户家庭处处设防、难得满意。这中间，家政服务员的一些思想观念、工作技巧、处事方式等起了重要作用。

一、家内情况弄清楚，家外环境要知道

1. 弄清家庭内部基本情况

（1）家政服务员进入家庭，需要了解家庭成员及其相互之间的关系，询问并记住主要家庭成员的电话。如果视自己的年龄段，将自己纳入家庭成员的辈分序列，以爷爷、奶奶、叔叔、阿姨、大哥、大嫂相称，则可能显得更亲切些。

（2）家政服务员要熟悉客户家庭的宗教信仰、生活习俗和生活习惯，包括生活禁忌、起床早晚、上班时间、何时开饭、口味特点，以及家政服务员是否和客户一起用餐等，都需向客户询问明白，做到心中有数。

案例与点评

张阿姨的女儿刚生完孩子，月子期间奶水一直不足，于是张阿姨嘱咐家政服务员小孙去市场买些催奶的食品。小孙胸有成竹地买回了鲫鱼、猪蹄、通草等，但张阿姨看了却面露异情，原来她家是回族。这时小孙才恍然大悟，后悔事先没有问清楚。

【点评】每个家庭都有不同之处，特别是宗教信仰的不同，更是非常敏感的问题。本案例中家政服务员小孙并非不懂民族禁忌，只因忽略了事前的询问和了解，才导致了事后的尴尬。

（3）家政服务员要适应居室环境，熟悉主要物件的摆放位置；了解卧室、厨房、卫生间、阳台等分布情况；了解电冰箱、洗衣机、热水器、微波炉等常用家电的摆放位置；了解抹布、扫帚、拖把、垃圾桶等

卫生用具的存放位置。要提前询问客户，哪个房间能进，哪个房间不能进，把整个服务范围搞清楚。

提 示

了解客户家庭的有关情况，最佳时机是与客户首次面谈时。家政服务员可以先做自我介绍，重点说清从事家政服务工作的经历、技术等级及其他相关情况。以此为切入点，询问了解客户的有关情况和相关要求，如需家政服务员照顾老人或病人，一定要问明老人或病人的年龄、性别、病情和具体要求等。

2. 知晓家庭外部环境

（1）俗话说：远亲不如近邻。邻居是服务家庭重要的外部环境之一。家政服务员起码要知道怎么称呼邻居，怎么与邻居沟通，因为生活中的一些紧急情况离不开邻居的帮忙。特别是遇有和邻居合用生活设施的情况时，应做到礼貌、礼让，并注意不要让自己的工作影响到邻居的利益。

（2）要注意熟悉家庭周边环境。记住客户家庭所在地的街名、路名、社区名、楼牌号、门牌号，周围有哪些明显标志，有哪儿路公交车可以到达，站牌在哪里，最近的医院、商店、学校、幼儿园以及菜市场位置等，便于今后日常工作及处理一些突发性问题。

提 示

家政服务员要牢记报警电话“110”，火警电话“119”，急救电话“120”或“999”，以及所在社区物业服务电话，煤气、自来水抢修电话和家政服务公司的电话等。

二、客户安排放首位，满足需求是目的

家政服务员必须以符合客户家庭的意愿为工作准则，在履行服务合同规定的情况下，服从客户管理，将满足客户家庭的需求作为自己的工作标准。

家政服务员既要严格执行合同规定，又要视客观情况，不拘泥于“死合同”，用规范的服务满足客户的需求。

比如：家政服务员正在清洁居室，客户说“小张，请你先将这些衣服洗一洗，再把它们熨平，我们明天一早要参加个活动”或者“小李，今天下午你多买些菜，把餐厅收拾一下，晚上有客人来吃饭”等。这时，是按部就班地干你手中的活，还是服从客户的临时安排，答案是显而易见的。

三、家务工作巧安排，轻重缓急要分开

家务事琐碎繁杂，看似简单重复、毫无关联，觉着从哪里入手都可以，实则有规律可循，有缓急之分，有管理之义，有窍门可鉴。这就要求家政服务员十分了解和熟悉所承担工作的内容，并依据客户的需求，想客户所想，让客户放心，将日常性工作与周期长的工作加以区分，将必须先办的事情与可以缓办的事务加以分别，学会管理的方法，制定出相应的工作程序和作业计划，合理安排工作进程和工作时间，做到繁而有序、忙而不乱、有劳有逸。

以下介绍几种组织操持家务的实用工作法：

一是“物品定位法”。工业企业的现场管理中有一项管理叫做“定置”管理，规定生产场所中的物品、工具、容器等要放在固定的位置，不能乱拉乱放。收拾家务也要有这种管理的思想。东西、物件不能今天放这儿，明天放那儿，没有一定之规。特别是为有小孩的家庭提供服务时，更要养成物品定位放置的好习惯，这样不仅使物品的摆放规范有序，随时可取，而且有利于培养小孩有序收管自己物品的好习惯。

二是“统筹计划法”。将家务工作大体分出阶段性的内容，排出计划，依次实施。如：一名照料三口之家的家政服务员，将一日的家务工作安排在四个时段中分期完成（见表1—1），使工作张弛有度、错落有致。

三是“合理重叠法”。即在同一时间内完成多项家务活动。比如，将衣服放入洗衣机洗涤，洗衣机工作期间可以淘米，用电饭煲煮饭，电饭煲工作期间可以打开灶具煨汤和烹制菜肴。如此这般，汤、菜做好了，饭也熟了，饭吃完了，衣服也洗好了，既充分利用了时间，又提高了工作效率。

表 1—1　　一日家务工作安排表

时段	家务工作内容
早上	1. 买早点或做早点 2. 帮孩子穿衣、洗漱，照顾孩子吃饭，送孩子入托或上学 3. 整理餐具，收拾房间，扫地，拖地，倒垃圾 4. 去市场采购，备好一天的主、副食材
中午	1. 做午餐 2. 餐后清理 3. 午休
下午	1. 洗衣服 2. 去幼儿园或学校接孩子 3. 做晚餐 4. 洗刷
晚上	1. 照料孩子洗浴、睡觉 2. 换洗衣物 3. 检查门窗、电、燃气关闭情况 4. 记账

总之，家务工作八大类，每个家庭不一定面面涉及，但家政服务员根据所在家庭的具体情况和实际要求，肯动脑子，科学地利用时间，将工作适当划分，合理搭配，并按计划实施，无疑会使工作更有条理，更出效率。

提　示

生活中的小窍门、小技巧很多，认真地将它们发掘出来，就会收到“四两拨千斤”的效果。

四、积极沟通讲艺术，打动心灵是根本

“三日入厨下，洗手作羹汤。未谙姑食性，先遣小姑尝。”这是一首题为《新嫁娘》的唐诗，说的是一个刚过门的媳妇，初下厨房做菜，不知道婆婆的口味，先拿给小姑子品尝。

这位谨慎的新嫁娘，初入婆家门，为了尽快融入新的家庭，选择

了通过和小姑子沟通来了解婆婆的生活习惯，无疑是个聪明的做法。家政服务员进入客户家里服务，虽然不是新嫁娘的身份，但却和新嫁娘一样，都要面对一个新的、陌生的家庭环境。怎样迅速地打开局面，积极沟通是一条有效的途径。

案例与点评

家政服务员小张受聘为子女不在身边的李奶奶料理家务。开始李奶奶总对小张不放心，小张走到哪里她就跟到哪里，寸步不离，像防贼一样。有时小张正在专心做家务，冷不丁看到李奶奶在看着自己，心里总有种被监视的不安，一度萌生不想再干的念头。

后来她站在李奶奶的角度想了想，一个孤身老人，四面无助，家里突然来了个陌生人，那种紧张防范的心理可想而知。想到这些，小张心里坦然多了，不再介意老人对她的“跟踪”，而是专心致志、一丝不苟地做事。即使偶尔与老人目光相遇，也作嫣然一笑，时不时地她还与老人拉拉家常……慢慢地，老人不仅在生活上得到了料理，精神上也得到了抚慰。

终于有一天，李奶奶把小张叫到身旁说：“闺女，我观察你很久了，你是个好人，你对我的照料比亲闺女还要好。”说着，她把家里的钥匙递到小张手里……

【点评】客户对家政服务员不信任是常有的事，关键是家政服务员要端正心态，要用自己的真心和耐心以及“人前背后一个样”的工作态度打破僵局。须知信任也是有代价的。

由于家庭的差异性，家政服务员进入新的家庭肯定要有一段适应期。沟通得好，适应期就短；沟通得不好，适应期就长。毕竟客户的家庭就是家政服务员的岗位，只有和和睦睦地相处，心情舒畅地工作，才能使自己和客户各得其所。

另外，家政服务员在工作过程中难免会出现这样那样的闪失和过错。出现这种情况时，要学会向客户道歉。这也是一种沟通，一种勇气。真诚的道歉是及时得到客户谅解并让自己尽快释怀的良方。

五、环保节能习惯好，大手大脚要警惕

在城市生活中，应特别注意节约水、电、气。家政服务员应养成节约的美德，工作中做到随手关灯，做饭时及时变换火力，在保证卫生的情况下做到一水多用，千万不要有“客户家的资源无所谓”的想法。在制作家庭餐的时候，要把握人口数量，避免浪费。从一点一滴做起，为创造环保低碳的生活环境作贡献。

案例与点评

家政服务员小王各方面工作表现都很好，就是节约意识不强，洗菜、刷碗从不关水龙头，客户不在家的时候，经常开着电视机做家务。客户批评她，她还不以为然，结果很快就被辞退了。

后来，一位新的家政服务员来到这个家庭。平时不用通电或不用的电器她都会拔下电源插头，从不浪费一滴水、一度电。每次购物的包装袋，总是按用途折叠起来分别存放。垃圾也做到分类存放。不用的纸箱、可回收的物品，一律捆绑起来放入地下室。客户对她非常满意，几次向家政服务公司建议给她加薪。服务合同期满后，客户将一面写有这位家政服务员名字和“节约模范、服务一流”字样的锦旗送到了家政服务公司。

【点评】前后两个家政服务员在环保节能方面的表现，一反一正，发人深省。仔细想来：人非草木，有哪位客户不欢迎为他们节约生活费用的人呢？

思考与练习

1. 简述家政服务员岗位工作内容。
2. 怎样正确处理日常服务工作与完成客户临时交办任务的关系？
3. 怎样理解“沟通”在处理人际关系方面的作用？说说有哪些方法可以促进与客户之间的沟通。
4. 与公司里其他有经验的家政服务员或从事家政服务工作的朋友、老乡等一起讨论，有哪些节约工作时间、提高工作效率的好方法。

2 第二章　家庭餐制作

第一节　食料的采购与记账

第二节　食料的初加工与切配

第三节　一般菜肴制作

第四节　一般主食制作

随着人们健康意识、饮食要求和生活观念等的变化，家政服务员制作家庭餐，不仅要求美味、可口，而且要求营养、健康。试问，哪个客户不希望聘用一个厨艺好的家政服务员呢?

第一节 食料的采购与记账

一、了解客户饮食需求

1. 了解客户的饮食习惯

（1）了解饮食的地域差异。“五里不同风，十里不同俗”，“南甜北咸，东辣西酸”反映的就是我国饮食文化的地区差异。湖南人喜酸、好辛辣；四川人喜麻辣；陕西人喜吃面；山西人喜吃醋；江浙一带喜甜食。从主食结构上看，我国南方多以大米为主，北方多以面粉为主。南方饮食比较细腻，饭菜求精不求多；北方饮食比较粗犷，盆盈钵满讲实惠。对此，家政服务员要不断加以了解，注意与客户多沟通，以适应不同客户的饮食需求。

（2）了解宗教传统和民族习惯。服务员走千家进万户，接触各种不同民族的家庭，不仅要了解人们普遍的饮食习惯，更要了解客户家庭各成员的饮食禁忌。如信仰佛教者不食荤腥、信仰伊斯兰教者（我国回族、维吾尔族等少数民族均信仰伊斯兰教）禁食猪肉等，对此，家政服务员一定要高度重视，万万不可犯忌。

（3）了解不同成员的口味喜好，合理安排。如老年人多喜好软烂、易消化的饮食和清淡的口味；年轻人多喜好生鲜、刺激性强的口味；儿童多喜好生动形象的饮食品种。如家里有客人用餐，还要征询客人的饮食要求；如家里有病人，则应遵从医生意见安排膳食。对于这些，家政服务员应该做到心中有数，尽量在食谱的设计上照顾到客户用餐多元化的需求。

（4）注意不同季节的口味差异。一般春夏季喜清淡口味，秋冬季喜浓重口味，冬季宜多食汤类及热量高的食物。

2. 了解客户的消费水平

每一个客户家庭的生活背景和经济状况不同，这些不同程度地影响着他们的消费观念，决定着他们的消费水平。家政服务员在采购、制作餐品时要充分考虑这些因素，量入为出，根据客户的饮食观念和消费能力等制定相应的食谱、菜谱，以达到客户的满意和认可。

另外，家政服务员每天在制作家庭餐之前，仍然需要征询客户对当天饮食安排的具体要求，毕竟还有食欲和饭菜样式等需要的不确定性。按客户的实际要求烹制饭菜，应该更能赢得客户的满意。

案例与点评

家政服务员小林受聘的第一家客户，夫妇均是教育工作者，家庭经济条件较好，起居饮食比较讲究。小林总是提前一天把次日的食谱制定出来，然后征求客户的意见，每天将饮食调剂得精致美味、清淡可口，客户对她的服务非常满意。后来小林又被聘用到另一客户家，主要任务是护理老人。每日三餐，除了事先听取老人的意见外，她还照顾到老人节俭持家的习惯，在购买原料时，从数量、价格到品种选择都做到细心盘算，做出的饭菜既经济实惠又利于老人消化吸收。另外，她还常常把在培训中学到的配餐知识讲给老人听，告诉老人怎样吃才有营养。老人对小林的服务大加赞赏。

【点评】不同的客户，其家庭经济状况、消费观念和生活习惯会存在一定的差异。有的不在乎花费，只追求饮食的品质；有的则要求经济实惠、饭菜可口。家政服务员一是要主动与客户沟通，了解他们的要求；二是要善于观察，了解他们的饮食习惯；三是要随时听取意见，不断提高服务质量。只有往客户心里做，才有可能令客户满意。

二、合理选购食品原料

家政服务员选购食品原料要有计划地进行，即：确定用餐人数→确定购买数量→确定购买地点。

购买原料时，要注意选择采买方便、物美价廉、货源可靠的购物地点，例如，蔬菜、肉、蛋、禽、水产类食品要到大的菜市场购买，奶制品、速冻制品、调味品等要到正规超市购买。

1．选购安全食品

（1）判断原料品质。家政服务员可以运用感官，依据经验来判断原料的品质。如用嗅觉鉴别原料的气味；用眼睛观察原料的外部特征；用舌头分辨原料的滋味；用手触摸原料了解其弹性和软硬程度；摇动或敲击原料，听其声音等。

下面总结的“四看”，对于家政服务员正确鉴别原料品质是很有帮助的。

一看原料食用价值，包括营养价值、产地、质地等。即使同一种原料，由于其产地、品种不同，食用价值也有差别。食用价值越大，品质越好。

二看原料的成熟度。原料的成熟度与培育、饲养的时间以及上市季节有着密切的关系。原料的成熟度处于最佳时期时，其品质最好。比如，夏季的西瓜口味好，营养价值也高；秋季的螃蟹肉质肥嫩，味美色香。

三看原料的纯净度。优质原料均表现为无杂质、无异物。反之，品质差的原料，杂质多，加工起来费时费事，消耗成本高，口味也差。

四看原料的新鲜度。这是识别原料最直观、最基本的方法。原料存放时间过长或保管不善，都会导致新鲜度下降，甚至引起发霉、变质。表2—1列出常用的识别原料是否新鲜的方法，以供参考。

表2—1　　识别原料是否新鲜的常用方法

表现形式	识别方法
形态的变化	原料越新鲜，越能保持其原有的形态；不新鲜的蔬菜会干瘪发蔫，不新鲜的鱼会脱鳞
色彩的变化	原料失去原有的色彩和光泽，出现变灰、变暗或不法商贩用染色伪装的非天然色泽，说明原料品质降低
含水量和重量的变化	含水量变大或变小都说明食品新鲜度下降。鲜活原料水分蒸发重量会减轻，表明新鲜度下降；干货原料重量增加，表明受潮，质量下降
质地的变化	新鲜原料质地坚实饱满，富有弹性、韧性。如质地松软或失去弹性，表明原料的新鲜度下降

续表

表现形式	识别方法
气味的变化	各种新鲜的原料一般都有其特有的气味，不能保持其特有气味而出现异味的，表明其新鲜度下降

（2）判断卫生程度。要观察购物环境是否卫生，如有没有苍蝇，水源是否具备，摊贩操作是否规范，如口罩、抹布、案板、容器及相关工具是否规范使用。

新上岗的家政服务员如不熟悉购物环境，可以咨询客户，或观察和跟随一些年纪大的、看上去有经验的购物者，看他们在哪一家购买，时间长了就有经验了。

（3）识别食品标签。主要关注以下三个方面：

1）认证标志：很多食品的包装上有各种质量认证标志，比如有机食品标志、绿色食品标志、无公害食品标志、QS 标志（质量安全标志）等，这些标志代表着产品的安全品质和管理质量，如图 2—1 所示。

图 2—1　食品认证标志示例

相关链接

无公害食品：对于产地生态环境要求清洁，按照特定的技术操作规程生产，将有害物质含量控制在最低标准内，并由授权部门审定批准的食品。无公害食品注重产品的安全质量，是初级阶段的绿色食品。

绿色食品：分为A级绿色食品和AA级绿色食品。其中A级绿色食品生产中允许限量使用化学合成生产资料；AA级绿色食品则较为严格地要求在生产过程中不使用含化学成分的肥料、农药、饲料添加剂、食品添加剂及其他有害于环境和健康的物质。

2）生产日期和保质期：食品标签的保质期是指食品在标签标明的条件下保存、食用的最终日期，是食品的最佳食用期。在此日期之后，该食品不宜再食用。我们从生产日期和保质期上，可以识别食品的新鲜程度。例如，肉肠保质期一般为3天，超过保质期就会滋生对人体有害的微生物。实际上，即便是在保质期内，食品的营养成分或保健成分也逐日降低。所以，选择离生产日期最近的食品是最安全的。生产日期一般在食品包装袋的下沿或上沿，有些是用钢印打上去的，有些是黑字印刷上去的；如果是瓶装的，一般标注于瓶盖或瓶底。

3）产品重量、净含量：产品的净含量是指除包装外的可食用部分的重量。有些食品包装得又大又漂亮，内容物却很少；有些产品看起来便宜，但如果按照净含量计算，很可能会比其他同类产品更贵。如将两种价格、体积都差不多的面包摆在面前，一种净含量是120克，另一种是160克，前者可能只是发酵后更为蓬松，但从营养总量来说，显然后者更为划算。

2．选购健康食品

在考虑客户消费观念的基础上，优先选择无公害食品、绿色食品等。另外，要特别注意食品的营养价值，尽量做到科学搭配，合理膳食。人体所必需的营养素有蛋白质、脂肪、糖类、矿物质、维生素、水等六类。这些营养素主要通过以下食物获取。

（1）粮食类。主要含有淀粉，其次是蛋白质、无机盐和维生素及人体所需的其他微量元素等，是膳食纤维的重要来源和生命活动的主要承担者。

（2）蛋白质食品类。包括各种肉、鱼、禽蛋、大豆及其制品等。它们主要含有优质蛋白质和脂肪及部分无机盐和维生素等，营养价值较高，有利于提高人体免疫力。尤其是禽类和鱼类食品，易于消化吸收和利用。

（3）蔬菜和水果类。主要含有维生素、无机盐和膳食纤维。水果中含有维生素 C，可增强人体抵抗力，预防感冒。另外，水果中含有丰富的葡萄糖、蔗糖、果糖，能直接被人体吸收，产生热能。蔬菜和水果中含有很多纤维素，并含有果胶，能促进肠蠕动，预防便秘，有利于体内废物和毒素的排泄。

（4）油脂类。这类食品主要提供热能，含有不饱和脂肪酸和部分脂溶性维生素等。

3．不同类别食品原料选购技巧

（1）蔬菜的选购技巧（见表 2—2）。选购蔬菜首先要看蔬菜是否鲜嫩，其次要看蔬菜是否光亮，最后要看蔬菜水分是否充足，另外还要看蔬菜表面是否有破损。

表 2—2　蔬菜的选购技巧

名称	选购标准
芹菜	叶绿、梗嫩，轻轻一折即断。如折不断、叶蔫，则不新鲜
绿豆芽	色泽银白，饱满挺拔，折之断裂有声 豆粒发蓝，根短或无根，如将一根豆芽折断，仔细观察，断面会有水分冒出，有的还残留有化肥的气味。这种豆芽是用化肥催熟的，对人体健康有害
菜花	洁白、无黑斑，包叶暗绿并粘有一层暗霜
番茄	颜色呈红色，光亮，表面光滑，无斑点
黄瓜	顶花带刺，色泽碧绿
土豆	个大、圆滑、有光泽，没有伤痕和凹凸不平 发芽发青的土豆含有毒素，不能食用
莲藕	质嫩，藕节粗、长，表面光滑，没有伤痕，色泽灰白
萝卜	饱满结实，色光亮
蘑菇	朵白、根短、手感较轻 手感重，则已加水，不宜存放。也可用手轻轻挤一下蘑菇朵，如有水分溢出，说明卖主已在蘑菇中加水

提　示

购买蔬菜时，要注意鉴别泡水蔬菜。将蔬菜干末端折断，若断面有水分渗出，很有可能是泡水蔬菜。另外，对过分肥大、过分青翠碧绿的蔬菜，要警惕卖主在其中做了手脚，以不买为宜。

无论选择哪种蔬菜，都要根据原料性质、上市季节等因素灵活掌握。另外，家政服务员要有环保、低碳的意识，外出购物时，要备好购物篮或购物袋。

（2）畜禽类食品（猪、牛、羊、鸡肉）的选购技巧（见表 2—3）。

表 2—3　　畜禽类食品的选购技巧

名称	选购标准
猪肉	新鲜的猪肉表面呈淡玫瑰色，切面呈红色，有光泽，肉质透明，不发黏。手指按上有弹性，肉膘白，具有新鲜肉的正常气味
生鸡	活鸡：鸡冠挺直鲜红，鸡毛整齐滑润，肛门清洁、干燥、呈现微红色，胃里没有沙石 白条鸡:（光鸡）新鲜鸡表皮呈乳白色或奶油色，肌肉有较好的弹性，眼珠充满眼窝 活着宰杀的鸡，切面一般不平整，周围组织被血液浸润，呈现红色；否则即为死杀
牛肉	黄牛肉：呈大红色，肉纤维细嫩，脂肪呈黄色 水牛肉：呈紫红色，肉纤维粗老，脂肪呈白色 黄牛肉较水牛肉质嫩，味鲜，膻味小
羊肉	山羊肉：色较淡，纤维粗老，皮下脂肪稀少，腹部脂肪多，肉质不如绵羊肥 绵羊肉：色暗红，纤维细嫩，皮下和肌肉稍有脂肪夹杂，肉质肥嫩

提　示

在购买鲜肉时，用一张纸附在肉面上，用手轻拍数下，如渗出水，此肉为注水肉，应避免购买，正常的鲜肉无水。

（3）蛋类的选购技巧。鸡蛋的鉴别有以下几种方法：

1）摸：鲜蛋表面粗糙，手感发沉、发涩。

2）看：鲜蛋表面清洁，有一层暗霜似的粉末，一般质量差的蛋表面颜色发暗。

3）闻：用鼻子闻一下，若是鲜蛋则没有特殊异味。

4）听：用手握住鸡蛋，轻轻摇动，鲜蛋没有震荡声；摇动时响声明显，说明不新鲜。

5）照：把鸡蛋对着太阳或灯光照射，鲜蛋呈半透明状，蛋黄轮廓清晰，无斑点，空间极小；发暗或有污点的蛋不新鲜。

提　示

鲜蛋与姜葱不宜一起存放，因为蛋壳上有许多小气孔，生姜、洋葱的强烈气味会钻入气孔内，加速鲜蛋的变质，时间稍长，蛋就会发臭。鲜蛋的保质期最好不超过10天。

（4）水产品的选购技巧（见表2—4）。

表2—4　　水产品的选购技巧

名称	选购标准	说明
鱼类	体表清洁，有光泽，黏液少，鳞片完整，紧贴鱼身，鳃呈鲜红色，鳃丝清晰，眼球饱满突出，肌肉坚实有弹性	鱼体有腥味，鱼鳞色泽灰暗、松动易掉，鱼眼混浊，鱼身有黏液的，品质不佳；鱼体有陈腐味或臭味，质量最差，不宜食用
虾类	头尾完整，有一定弯度，腿须齐全，虾身较挺，皮壳发亮，呈青白色，肉质坚实	不新鲜的虾头尾易脱落，皮壳发暗，虾体变红或呈灰紫色，肉质松软
蟹类	蟹腿肉坚实肥壮，脐部饱满，行动灵活，瓷青壳、白腹、金毛者为上品	腿肉松空、瘦小、背壳呈暗红色、肉质松软、分量较轻的是不新鲜的蟹
甲鱼	背部呈青黑色，腹白，肉质较嫩，味美	死甲鱼因含有组胺，有毒性，不能食用

提 示

灌水鱼的检测：这种鱼一般肚子较大，如果将鱼提起，会发现鱼肛门下方两侧突出下垂，若用小指插入肛门旋转两下，水分立即流出。

识别用农药毒死的鱼：用农药毒死的鱼，其胸鳍是张开的，并且很硬，嘴巴紧闭，不易拉开，鱼鳃的颜色是深红色或黑褐色，苍蝇很少去叮咬。这种鱼除有腥味外，还有其他异味，如煤油味、氨水味、硫黄味、大蒜味等。

（5）粮油类食品的选购技巧（见表2—5）。最好到有正规进货渠道的大商场、超市和粮油专卖店购买。买前要先看外包装是否标有生产厂家的厂名、厂址，以及生产日期、保质期和产品的生产标准。标志不齐全者要慎买。

表2—5　　粮油类食品的选购技巧

名称	选购标准	说明
大米	优质大米呈青白色或精白色，光泽油亮，呈半透明状	一次购买数量不宜过多，春夏季买两周左右的量为宜，秋冬季可买1个月左右的量
面粉	正常的面粉有麦香味。若有异味或霉味，则添加过增白剂或超过保质期	做馒头、面条、饺子等要用中筋或高筋的、有一定延展性、色泽好的面粉；制作点心、饼干及烫面制品可用低筋面粉
食用油	颜色浅、透明度高的油品质好 豆油呈深黄色，花生油呈淡黄色，香油呈棕红色，菜子油呈棕褐色	食用油的保质期一般为1年，不要买过期的食用油

（6）速冻食品的选购技巧。看清商标上产品的名称、重量、成分、厂名、生产日期及保质期，首选名牌产品或正规厂家生产的产品，选择包装完好、标识明确、保质期长的产品。观察包装袋内的产品是否呈自然

色泽，如附有斑点或变色，说明产品已变质；观察产品是否有解冻现象，良好的速冻食品应较坚硬。

家政服务员每次采购时，都应最后选购速冻食品，避免其离开冰柜时间过长导致冰冻融化。

（7）干货的选购技巧（见表 2—6）。选择干货的总原则是：外表完整、干爽、色泽正常，无霉点、无异味等。

表 2—6　　干货的选购技巧

品名	选购标准
海参	体形完整、干（含水量小于 15%）、结实而有光泽，大小均匀，肚内无沙的为上品；体形较为完整、结实、色泽较暗的次之
鱿鱼	应选体形完整、色鲜、干度足，体长 14 厘米以上，体表有轻微白霜的
干贝	体形完整、结实、肉柱较大、色杏黄或淡黄、干淡口的为上品；而肉柱较小、色泽较暗的次之
蹄筋	以质感透明、白净或略泛淡黄色，似大拇指般粗者为佳
虾米	有海产、湖产之分。海虾米味鲜，肉质嫩而实；湖虾米肉质老松，其味次之
香菇	应选个大均匀、菌伞肥厚、盖面平滑、干燥、色泽正常、伞下的褶间紧密细白，菌柄短而粗壮，有香气的
黑木耳	以色黑、紧缩而薄、手捏无重感且不发黏的为好
金针菜	未开花、色深者为上品
莲子	以湘莲（白玉莲）为上，皮较细软，粒大饱满、清香者为佳
玉兰片	由冬笋制成的，宜选白净无老头的。若是宽版笋干，则系毛笋制成，选厚而阔、节较密、长度不过尺者，色泽以淡棕黄且有光泽的为优；暗黄色次之，带褐色的最差
海带	应选宽阔、含霜的
花生仁	色淡、颗粒小的味香；皮色较红、粒大的含油量较高，常称“油果”

（8）调料的选购技巧（见表 2—7）。

表 2—7　　调料的选购技巧

品名	选购标准	说明
麻油	小磨麻油色泽红中带黄；榨麻油俗称大槽油，较小磨麻油色泽浅淡；熟菜油色泽则深黄	麻油在日光下呈透明状态，如掺入 1.5% 的水，光照下便呈不透明的液体，如掺入 3.5% 的水，油就会分层并容易沉淀
酱油	优质酱油澄清、浓度适当，无沉淀物，无霉花浮膜；呈红褐色或棕色，鲜艳，有光泽，不发乌；有酱香和酶香气，无其他不良气味；鲜美醇厚，咸甜适口，柔和，味长，没有苦、酸、涩等异味。此外，好酱油摇起来会起很多的泡沫，不易散去	酱油有生抽、老抽之分。生抽的作用主要是增鲜提味，因颜色淡，适宜烹任一般炒菜或凉菜；老抽的作用主要是上色、增色，一般做红烧等上色的菜时使用
醋	质量好的醋呈琥珀色或红棕色，具有食醋特有的香气，醋味柔和，稍有甜口，不涩，体态澄清，浓度适当，无悬浮物、沉淀物，无霉花、浮膜等；次质食醋一般有异味或滋味清淡，混浊，有悬浮物	做拌菜时，选择具有醇厚、浓郁香味的米醋；做鱼肉需要除腥提味时，宜选择陈醋；作为吃饺子的佐料时，选择香醋比较好
大料	上等的大料一般为 8 个角，瓣角整齐，果皮较厚，背面粗糙有皱缩纹，内表面两侧颜色较浅，平滑而有光泽，腹部裂开，内含种子一枚，种皮红棕色，味甘甜，有强烈而特殊的香气	似大料的莽草瓣角不整齐，大多为 8 瓣以上，瓣瘦长，尖角呈鹰嘴状，外表极皱缩，蒂柄平直味稍苦，无大料特有的香气
花椒	好花椒的壳色红艳油润，粒大且均匀，用手抓时，有刺手干爽之感，用手拨弄时，会有“沙沙沙”的响声，如果用手捏花椒，容易破碎。特别麻的花椒，其顶部有开口，开口越大越麻	劣质花椒颜色暗淡，呈黄绿色或青色，粒小，不裂口，香味和麻味较淡，不易破碎

续表

品名	选购标准	说明
味精	质量好的味精从外形看颗粒细长，半透明，洁白如霜。而如果是掺有食盐的味精，则为灰白色呈方形的小颗粒	质量好的味精其味道鲜美，舌尖有冰凉感，假如是掺了盐的味精，则有咸苦味。周岁内的儿童不宜食用味精
蜂蜜	蜂蜜在常温下呈透明、半透明黏稠状液体，温度较低时可产生结晶现象，具有蜜源植物特有的色、香味，无异味、无死蜂、幼虫、蜡屑及其他杂质	带有苦、涩、麻等异味的蜂蜜，可能为有毒蜂蜜
白糖	白糖主要分为白砂糖、绵白糖、冰糖、方糖四种，优质白糖色洁白，有光泽； 白砂糖：颗粒大如砂粒，晶粒均匀整齐，晶面明显，无碎末，糖质坚硬 绵白糖：颗粒细小而均匀，质地绵软、潮润 冰糖：块形完整，颗粒均匀，结晶组织严密，透明或半透明，无破碎 方糖：呈正六面体状，表面平整，无裂纹、缺边和断角，无凸出砂粒，无霉斑	次质白糖：白中略带浅黄色；晶粒大小不均匀，有破碎及粉末，潮湿，松散性差，粘手；有轻微的糖蜜味； 劣质白糖：发黄、无光泽；吸潮结块或溶化，有杂质，有酸味、酒味或其他气味

四、记账

负责承担采购工作的家政服务员，应根据每天的采购开支情况及时逐笔记账，为用户“当好家，理好财”，让用户放心。

日常开支记账一般采用“现金日记账的方式”，记账的项目包括“收入”“支出”和“结余”。家政服务员应将每天采买日常用品的收付款项逐笔登记，并结出余额，与实存现金相核对，借以检查每天现金的收、付、存情况，定期主动向客户报账。

例：客户给家政服务员一周生活开支400元，7月1日买菜用去79.50元，7月2日用去81元，填表如下（见表2—8）：

表 2—8　　采买记账单

2011 年		选购物品内容				收入（元）	支出（元）	结余（元）	备注
月	日	品名	数量	单价（元）	金额（元）				
7	1	鸡 香菇 鸡蛋 油	2 斤 1 斤 1 斤 5 斤	10 5 4.50 10	20 5 4.50 50	400	79.5	320.5	超市购买
7	2	猪肉 芹菜 火腿 调味品 大米	1 斤 1 斤 1 斤 1 宗 10 斤	18 2 16 20 2.5	18 2 16 20 25		81	239.5	超市购买
合计						400	160.5	239.5	

家政服务员在采购物品时如有可能应索要发票、超市小票或其他单据，并附在账页后面，以备查对。

如果客户要了解每周开支情况，家政服务员可以将一周内每天发生的金额结余一次。把每周结出的金额加起来即可得出每月的结余。

第二节　食料的初加工与切配

一、食料的初加工

1. 新鲜蔬菜的初加工

新鲜蔬菜的初加工必须遵循三大原则：

（1）合理取舍。枯叶、老黄叶、老根以及外皮不能使用的部分必须刮除干净，对可使用的部分要尽量保存。

（2）符合卫生要求。蔬菜洗涤要干净，虫卵、杂物要清除，受农药污染的蔬菜必须用淡盐水或清水浸泡、冲洗。

（3）减少营养素的损失。新鲜蔬菜含有丰富的维生素和矿物质，初加工时要先洗后切，防止蔬菜中的维生素和矿物质从切口处流失。

提　示

用淘米水清洗蔬菜可以去除蔬菜中的残余农药，淘米水属于酸性，有机磷农药遇酸性物质就会失去毒性。将蔬菜浸入淘米水中浸泡 10 分钟左右，再用清水洗干净，就能使蔬菜中残留的农药成分减少。

茎类蔬菜大多含有一定的鞣酸，去皮时与铁器接触容易氧化变色，所以在去皮后要立即放入凉水中浸泡或去皮后立即食用，以防呈现锈斑色。

2．常用水产品的初加工

（1）鱼的初加工。鱼的初加工大体上可分为刮鳞，去鳃，剖腹取内脏，洗涤等几个步骤。但是，由于鱼的品种较多，有的鱼初加工并不一定要经过这些步骤，如鳝鱼没鳞不需刮鳞，鲨鱼没鳞却皮上有沙，鲥鱼有鳞不能刮鳞等。总之，在鱼类初加工时，应视品种的不同而采用不同的加工方法。鱼类初加工须经如下工序：

1）刮鳞，去鳃，褪沙。多数鱼类需经刮鳞，如黄鱼、青鱼、草鱼、鲢鱼、胖头鱼等。一般用刀或铁板刷倒刮，将鱼头向左面，鱼尾向右面放平，左手按住鱼头，右手拿刀，从尾部向头部刮上去，将鱼鳞刮净，如图 2—2 所示。

图 2—2　刮鳞

刮鳞时要注意：

- 不可弄破鱼皮，保持鱼体的完整。
- 鱼鳞要刮净。特别要将尾部、近头部、背鳍部、腹边部狭窄处的鱼鳞刮净。

● 刮鳞时，有的要将鱼鳍剪去，如黄鱼可先将背鳍撕去后再刮。

● 有些鱼的鳞不可刮去。如鲥鱼等，这些鱼的鳞下脂肪较多，口味鲜美，刮掉了鳞就破坏了营养。

此外，有的鱼不刮鳞，但需剥皮，如马面鱼，只要在头部鳃边用刀拨开一道口，用手一撕即可将粗糙的皮剥下。

刮鳞后即可去鳃，鱼鳃一般用手或用刀挖去，如图 2—3 所示。

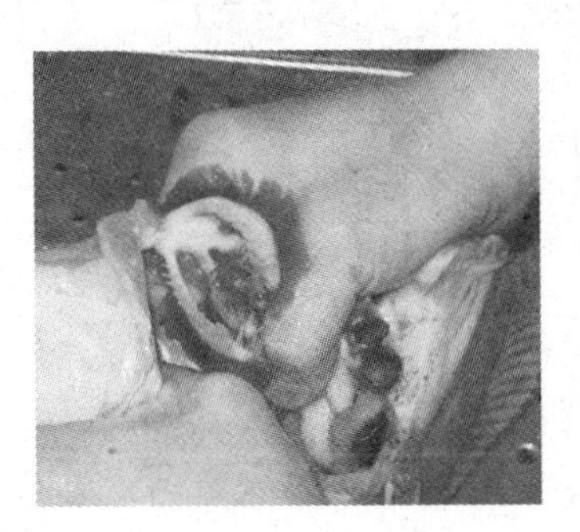

图 2—3　去鱼鳃

要煺沙的鱼较少，常见的有鲨鱼、虎鳗等。煺沙前先要鉴别质地老嫩。先用热水烫，质地老的水温要高，质嫩的水温可低些，烫至用刀能刮净沙粒即可。烫时要注意水温不宜过高，以免烫破鱼皮，否则沙子进入鱼体，影响质量。

2）剖腹取内脏。通常有两种方法，如图 2—4 所示：一种是剖腹取，大部分鱼类采用此法，即在肛门与胸鳍之间沿肚划一直刀，取出内脏；另一种是保持鱼体完整不破肚，可以在肛门处开一小横刀口，将肠子割断，再用两根筷子从鱼鳃插入肚内，卷出内脏，如黄鱼、鳜鱼等使用此法。

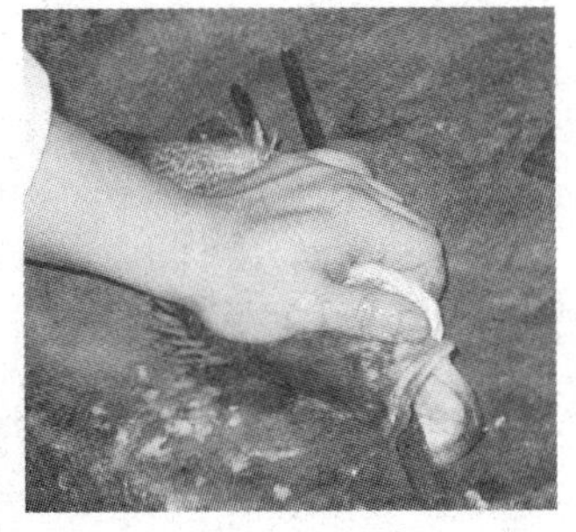

图 2—4　剖腹取内脏

3）洗涤。鱼经过刮鳞去鳃，剖腹取内脏后，要注意用自来水将鱼腹内的血水、黑衣冲净，如图 2—5 所示。因为鱼常年进食残留物，这些黑色腹膜有腥味、苦味并且有毒。

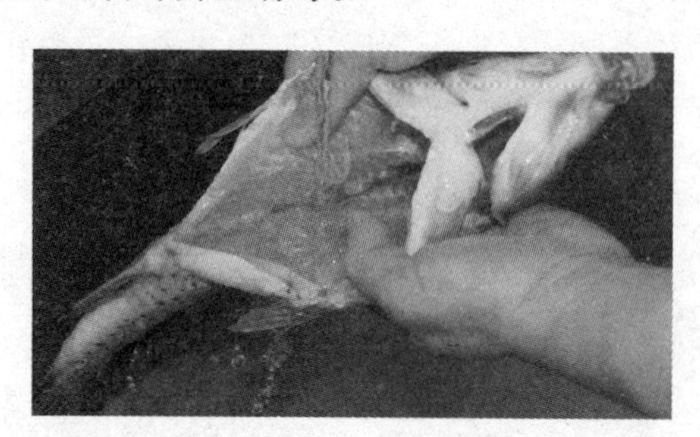

图 2—5　洗涤

此外，对于鱼体表面带有黏液而腥味浓重的鱼，如鳗鱼、黄鳝等，去腮前需用沸水泡烫并用布擦去黏液；对于墨鱼、鱿鱼、章鱼等软体水产品，可先将其放在水中用剪刀刺破眼睛，然后挤出眼球和头上的嘴喙，再把头拉出，除去灰质骨，将背部撕开除去内脏，剥皮洗净；加工甲鱼时，应将甲鱼放在菜板上，用手按住背尾部，待甲鱼头伸出，用刀割断头颈，放尽血液，甲鱼血有滋阴凉血功能。

（2）虾的初加工。

1）不出肉的加工方法。将虾洗净后剪去虾枪、须、足，然后用牙签挑出虾肠，清洗干净，如图 2—6 所示。

2）取虾肉的加工方法。去掉虾头，剥掉虾壳，挑出虾肠后洗净即可，如图 2—7 所示。

3．家禽的初加工

各种家禽（鸡、鸭、鹅等）初加工的方法基本相同，一般可分为宰杀、泡烫、煺毛、剖腹、整理内脏、洗涤等几个步骤。

（1）宰杀。用刀割断气管和食管（刀口要小），放尽血液，如图 2—8 所示。

（2）泡烫、煺毛（见图 2—9）。烫毛时根据季节和家禽老嫩的情况，掌握好水温。肉质老的家禽水温高一些，时间长一些；肉质嫩的水温低一些，时间短一些。宰杀后待其完全停止动弹后，才能进行煺毛。

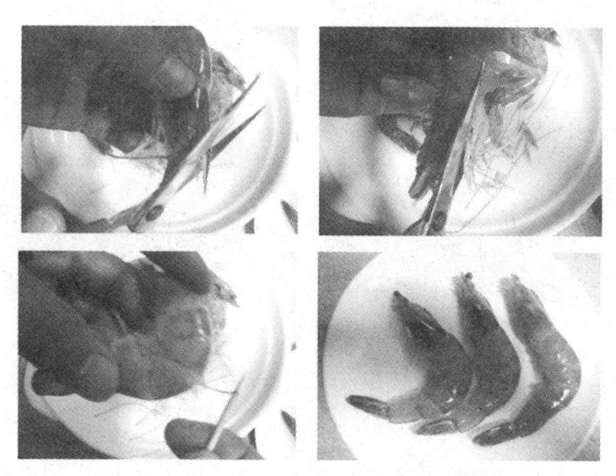

图 2—6 不出肉的加工方法

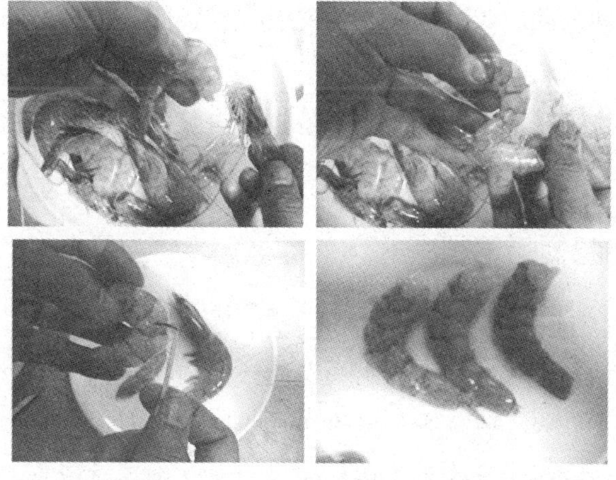

图 2—7 取虾肉的加工方法

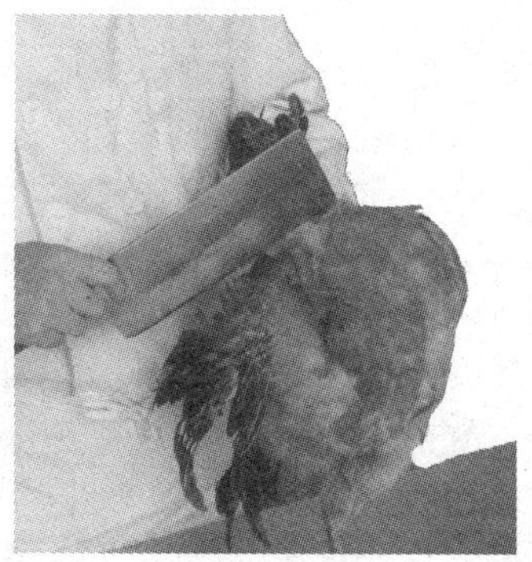

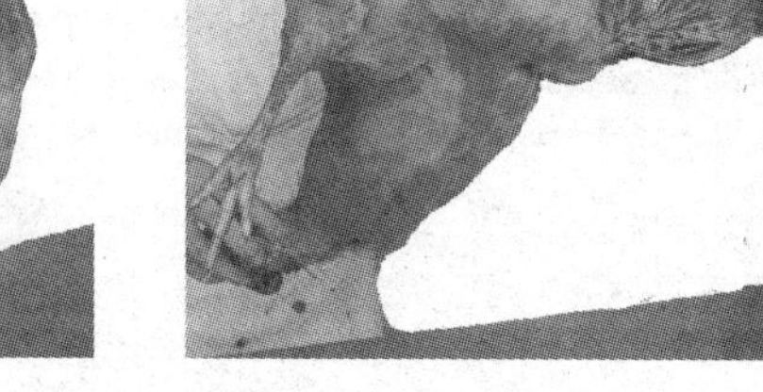

图 2—8 宰杀

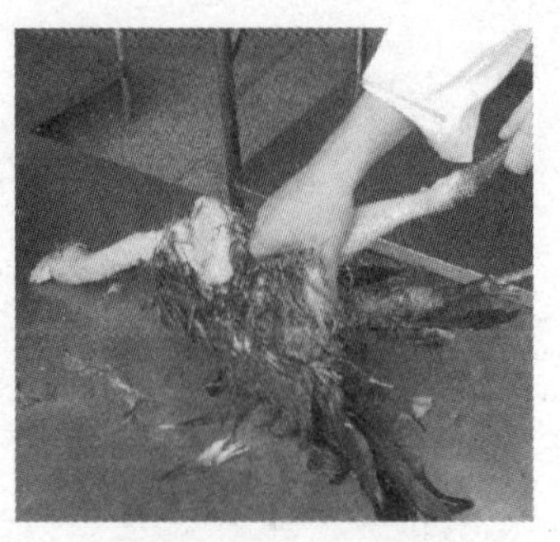

图 2—9　泡烫、煺毛

煺毛时，从家禽的腿部开始，用手向下推卷将羽毛煺下，头颈、背、腹、两腿各一把，之后再把翅膀上的毛褪净，拔净绒。

（3）开膛。要注意不能挖破苦胆及肝，如不慎将苦胆挖破，会造成肉味苦不能食用。

（4）整理内脏。鸡鸭内脏除嗉囊、气管、肺、食道及胆囊以外，其余均可食用。

（5）洗涤。用清水冲洗干净，特别是内脏和腹腔的血污要反复搓洗干净。

二、切配食品原料

1．常用刀法

刀法的种类很多，根据刀刃与菜墩或原料接触的角度，可以分为直刀法（见表 2—9）、平刀法（见表 2—10）、斜刀法（见表 2—11）和剞刀法四大类。家庭生活中，常用前三种刀法。剞刀法以直刀法和斜刀法为基础，如图 2—10 所示，将原料切批成不断、不穿的规则刀纹，加热后能使原料卷曲成各种美观的形状，也称混合刀法或美化刀法，要求原料表面刀纹要整齐划一、深浅一致，距离相等、相互对称。

表 2—9　　直刀法的操作方法、适用原料

刀法		操作方法	适用原料	图示
切	直切（跳切）	刀与原料垂直，由上而下跳切，着力点布满整个刀刃	如竹笋、茭白、黄瓜、土豆、豆腐干等	

续表

刀法		操作方法	适用原料	图示
切	推切	刀与原料垂直，由里向外用力，着力点在刀的后端	软性或去骨的韧带原料，如厚百叶、肉丝、鸡丝等	
	拉切	刀与原料垂直，由外向里用力，着力点在刀的前端	去骨的韧性原料，如肉丝、肉片、鸡丝等	
	锯切（横刀切）	刀与原料垂直，前推后拉，形同拉锯	柔软易碎的面包，或去骨的硬性原料，如冻猪肉、熟火腿等	
	滚料切（随刀切）	左手按住原料，滚一次切一刀	体形长圆、质地脆嫩的原料，如茭白、茄子、竹笋等	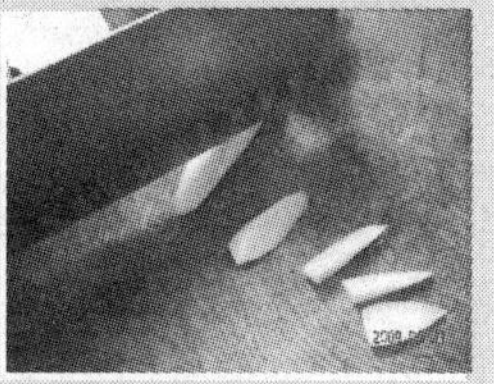
	铡切	（1）左手按住刀背前端，刀刃对准被切部位，双手同时用力垂直向下，将原料切断	活河蟹或带壳熟咸蛋等	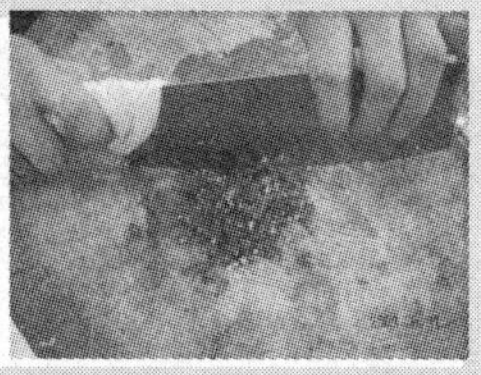
	铡切	（2）左手按住刀背前端，刀尖下垂，刀柄翘高，由前向后来回摇动，将原料切碎	体小、形圆、易滑的原料，如花生米、花椒等	

续表

刀法		操作方法	适用原料	图示
斩	直刀斩	右手举起刀，对准被斩部位一刀斩断	如排骨、鸡、鸭等	
	拍刀斩	刀刃按住原料的被斩部位，扬右手用力拍刀背使原料被斩断	体小、形圆、易滑的鸡头、鸭头或易脱皮的白斩鸡、烧鸭等	—
	排斩（剁）	刀与原料垂直，从左到右，再从右到左快节奏来回反复斩	去骨的韧性原料，如猪肉、牛肉、鸡肉或焯熟的青菜、荠菜等	
劈	直刀劈	右手举起刀，对准被劈部位，用力将原料劈断	带坚硬骨头的原料，如蹄髈、肉骨头	—
	跟刀劈	刀刃后端嵌在原料的被劈部位使原料与刀同时起落，用力将原料劈断	易滑或一刀劈不断的原料，如猪爪等	—

表 2—10　　平刀法的操作方法、适用原料

刀法	操作方法	适用原料	图示
平刀批	刀身放平，一批到底	软性原料，如豆腐、豆腐干和鸡、鸭血等	

续表

刀法	操作方法	适用原料	图示
推刀批	刀身放平，批进原料后，由内向外推移	脆性原料，如土豆、姜等，或煮熟回软的原料，如冬笋等	
拉刀批	刀身放平，批进原料后，由外向内拉移	去骨的韧性原料，如肉片、鱼片等	
锯刀批	刀身放平，由外向里，前推后拉地来回移动	体大的肉性原料，如肉片或松散易碎的面包等	
滚料批	左手按住原料，刀身放平，进刀后由右向左，滚一次批一刀	长圆形的黄瓜、胡萝卜或焯熟的白萝卜等	

表 2—11　　斜刀法的操作方法、适用原料

刀法	操作方法	适用原料	图示
正斜刀	刀身放斜，刀背朝右，左手按住原料的被批部位，批一刀向后移一次，后移的距离必须相等	去骨的韧性原料，如鱼、肉等，或软中带脆的原料，如猪腰、豆腐干等	
反斜刀	刀身放斜，刀背朝内，左手按住原料，中指抵住刀身，左手随着批的节奏后移，每次后移的距离必须相等	易滑的脆性原料，如大白菜、茭白、水发鱿鱼、煮熟的猪肚等	

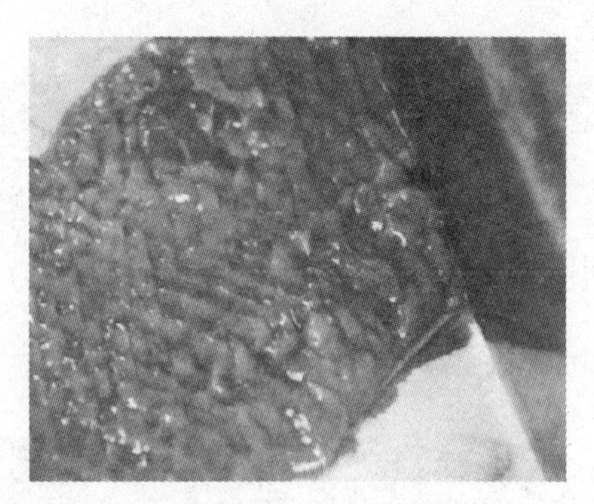

图 2—10　剞刀法

提　示

菜板、菜刀要生、熟分开，菜、肉分开。

瓜果蔬菜要在食用前切，切后及时食用或烹调。

2．原料的成形

原料经过不同的刀法加工处理后成为既便于烹调又便于食用的各种形状，常见的基本原料形状有丝、片、块、条、丁、粒、米、段、泥、茸、球等，如图 2—11 所示。

丝

片

块

段

图 2—11　原料成形图示

提　示

切肉丝或肉片前，可将整块肉包好，放入冰箱冷冻约 30 分钟，待外形冻硬固定时，取出切割，既容易切制，刀工又漂亮。

3．配菜常识

配菜是连接刀工和菜肴烹调的一道重要工序。通过各种原料之间恰当而巧妙的搭配，实现对菜肴色、香、味、形和营养保持的要求。科学的配菜应做到以下“六个配合”：

一是量的配合。一盘菜的量要按一定的比例配置，主、辅料搭配要突出主料，如8寸盘主料应为150 ~ 200克,1尺2寸盘主料应为250 ~ 300克。

二是色的配合。主、辅料在颜色上的配合，要突出主料的主色调。

三是香和味的配合。包括原料加热前后、调味前后的变化，应突出主料的香味，并以辅料的香味补主料的不足。如主料的香味过浓或过于油腻，应配以香味清淡的辅料，进行适当调和冲淡，使主料味道适中。

四是形的配合。辅料必须服从主料，即片配片、丝配丝、丁配丁，辅料可与主料等量配合或略少于主料。

五是质的配合。主、辅料在质地上的配合应脆配脆、嫩配嫩。

六是营养成分的配合。各种菜肴都有不同的营养成分，配菜时要做到合理搭配，营养均衡，特别是动物性原料应当配些果蔬原料，以补其维生素等营养素的不足。

第三节　一般菜肴制作

一、调制菜肴口味

调味是菜肴制作中的“点睛之笔”，具有除异味、增美味，增加菜肴的色泽，增加和保护菜肴的营养价值，以及使菜肴品种多样化等作用。

1. 调味的分类

调味的种类很多，概括起来可分为两大类，即单一味和复合味。

单一味，又称基本味，就是调味品的原味，有咸、甜、酸、辣、麻、香、苦。

复合味，是由两种或两种以上的调味品调和而成的味道，通过调味品之间相乘、相抵、对比等而形成的各种不同的风味。

2. 调味的原则

调味品的使用与选择直接关系到菜品的质量，恰当使用调味品是保证调味成功的关键。调味时要掌握以下原则：

一是恰当适时地调味。一般烧菜时，黄酒、糖、酱油等调味品应先放，尤其是黄酒，时间越长，香味越大；味精应晚放，早放或放多了，会出现似涩非涩的胶水味或苦味，味精适应的温度为 70 ~ 90℃。

二是严格按规格调味。所谓规格调味，是指调味品要按调味配方加放。不同的调味配方，加放不同量的调味品。

三是顺应季节变化调味。夏天味淡一些，冬天味重一些。

四是按原料性质灵活调味。鲜活原料应弱化调味，以突出原料的本味；带有腥膻味的原料，应加重调味；本身无滋味的原料，应适当增加鲜味。

3．调味的方法

我们通常把调味的方法归纳为调味三阶段，即原料加热前调味、原料加热过程中调味、原料加热后调味。

原料加热前调味，又称基本调味，主要目的是使原料先有一个基本滋味，一般适用于在加热过程中不宜调味或不能很好入味的烹调方法，如蒸、炸、炒、熘、爆等。

原料加热过程中调味，又称决定性调味，大部分菜肴的口味都经过这一过程确定，适用于烧、炒、熘、炖、煨等烹调过程。

原料加热后调味，又称辅助调味，主要用来补充前期调味的不足，使菜肴更加完美，如食品炸后加花椒盐、涮料，浇淋卤汁等。

相关链接

不同地域的人口味喜好是不一样的。下面的口诀可以帮助家政服务员了解我国各地区的人口味的不同偏好。

山西醋，山东盐，苏北浙江咸又甜。宁夏河南陕青甘，又辣又甜分外咸。安徽甜，河北咸，东北三省咸带酸。黔赣两湖辣子蒜，又麻又辣数四川。广东鲜，江苏淡，少数民族不一般。因人而异多实践，巧调能如百人愿。

二、冷菜制作

1．冷菜制作方法

冷菜就是热制冷吃或冷制冷吃的菜肴，其口味干香、脆嫩而爽，是家常随意小吃或会餐及正式宴席上必不可少的菜肴。冷菜的制作方法较多，这里列出常用的几种，供家政服务员参考，见表2—12。

表2—12 冷菜的制作方法

种类	特点	菜品举例
拌	把生料或熟料加工成丝、片、条或块等较小形状，用调味品拌和后直接食用的方法。一般以植物性原料做生料，动物性原料做熟料。其成品清爽脆嫩。由于调料的不同，其味也有诸多变化，有咸鲜味、甜酸味、酸辣味、芥末味、椒麻味、麻辣味等	如葱油拌海蜇、麻辣肚丝等
腌	将原料置于调味汁中，利用盐、糖、醋、酒等溶液的渗透作用使其入味的一种烹调方法。成品脆嫩爽口，按调味汁不同可分为盐腌、醉腌、糖醋腌等	如酸辣黄瓜条、糟鸡、醉蟹等
卤	用由调味料、水、香料配好的卤汁反复烹制菜肴的方法。卤有白卤、红卤之分。白卤是放盐、水和香料烹制；红卤是放酱油、糖、水和香料烹制。卤菜成品酥烂香浓	如卤鸭、卤肫
酱	其制法与红卤相似，不同的是卤不收汁，酱收汁，酱汁比卤汁浓稠	如酱鸭、酱牛肉等
冻	将烹调成熟后的原料，在原汤汁中加胶汁质（琼脂或肉皮冻），冷却后凝结成透明如水晶状。成品凉爽不腻，易做夏令冷盆	如水晶鸡、水晶虾仁等
炝	将切配成小型的原料初步加工，熟处理后，趁热加入调味品调拌均匀成菜	如炝西兰花
油炸卤浸	原料经油炸后，在配制好的调味中浸渍或加热收汁，使调味渗透到原料内部。其成品味浓醇厚	如油爆虾、油爆鱼等

2．冷菜菜品实例

【实例1】海米拌黄瓜（见图2—12）

原料：黄瓜250克，水发海米10克，姜3克，盐5克，醋15克，香油3克。

制作方法：

（1）将黄瓜洗净，用刀拍散，切成菱形块放入盘中，将泡好的海米洗净控水后放在黄瓜上面。

（2）取一小碗，放入盐、香油、醋、姜末，搅拌调成汁浇在盘中即可。

图2—12　海米拌黄瓜

【实例2】蒜泥白肉（见图2—13）

原料：五花肉400克，蒜泥30克，酱油30克，辣椒油30克，黄瓜100克。

制作方法：

（1）将五花肉洗净，放入冷水锅中煮40分钟后，继续在原汤中浸泡1小时，吸收汤汁，将肉焖熟。

图2—13　蒜泥白肉

（2）将肉捞出，沥干水分，切成薄片（越薄越好），依次码入盘内。

（3）将黄瓜洗净，片成薄片，码在五花肉四周。

（4）用酱油、辣椒油、蒜泥调汁拌匀，浇在肉上即可。

【实例3】炝西兰花（见图2—14）

原料：西兰花250克，姜10克，料酒15克，味精5克，盐5克，花椒油20克。

制作方法：

（1）将西兰花洗净，掰成小块，姜切细丝。

（2）锅中加水烧开，放入西兰花焯熟，捞出控水，放入盛器中。

图2—14　炝西兰花

（3）在西兰花上放入姜丝、料酒、盐、味精，最后浇入热花椒油，拌匀后盖上盖入味10分钟，装盘即可。

三、热菜烹制

1. 热菜烹制方法

热菜的品种很多，其制作方法多样，这里列出常用的几种供家政服务员参考，见表 2—13。

表 2—13　　热菜的种类及烹调方法

种类	操作方法
蒸	以蒸汽加热使经过调味的原料成熟或酥烂入味，其方式有： 1. 旺火沸水速蒸。适用于质地较嫩的原料，水开以后蒸 10 ~ 15 分钟即可 2. 旺火沸水长时间蒸。凡是原料体大、质老需蒸熟烂的采用此方法。一般需蒸 1 ~ 2 小时 3. 中小火沸水徐徐蒸。适用于原料质嫩或经过精细加工要求保持鲜嫩的菜肴
炒	将切配后的丁、丝、片等小型原料用中油量或少油量以旺火或中火快速烹制成菜的烹调方法。根据工艺、特点和成菜风味，炒可分为滑炒、生炒、熟炒、清炒、爆炒等
炖	将经过加工处理的原料放入炖锅或其他陶制器皿中，添足水用小火长时间烹制，使原料熟软酥烂的烹调方法。炖制菜肴具有汤多味鲜、原汁原味、形态完整、酥而不碎的特点。汤清且不加配料炖制的叫清炖，汤浓而有配料的叫浑炖
煎	锅中加少量油加热，放入经刀工处理成扁平状的原料，用小火煎至两面呈金黄色，酥脆成菜的烹调方法
煮	将经初步熟处理的半成品切配后放入汤汁中，先用旺火烧沸，再用中火或小火煮熟成菜的烹调方法。煮菜具有汤宽汁浓、汤菜合一、口味清鲜的特点 川菜中还有一种水煮的方法，是将鸡、鱼、猪、牛等肉切片、码味、上浆、水滑后放入调好味的汤汁中煮熟（有的菜肴需勾芡）
炸	将经过加工处理的原料用调味品拌渍，再经拍粉或挂糊，放入较大油量的油锅中加热成熟的烹调方法。其成品外香酥、里鲜嫩

相关链接

火力分为旺、中、小三类：

旺火，火焰高而稳定，呈黄白色，光度明亮，热气逼人。

中火，火焰低而摇曳，呈红色，光度较暗，辐射热较强。

小火，火焰细小，时有起落，呈青绿色，光度暗淡，辐射热较弱。

2．热菜菜品实例

【实例 1】 清蒸海鲈鱼（见图 2—15）

原料：鲈鱼 1 尾（约 750 克），肥肉膘 25 克，笋 50 克，水发香菇 10 克，火腿 20 克，葱 150 克，姜 3 克，料酒 20 克，盐 5 克，清汤 50 克，味精 3 克。

图 2—15　清蒸海鲈鱼

制作方法：

（1）将鲈鱼去鳞、鳃、内脏后洗净，从头至尾每隔 2 厘米打上斜刀，刀深至骨为宜（鱼身两面都要打刀）。肥肉膘、葱、姜、火腿、香菇、笋切片备用。

（2）炒锅中加水烧开，放入鲈鱼，焯一下，然后用冷水冲凉。

（3）取一腰盘，把鱼放在腰盘内，放入肥肉膘片、葱片、姜片、料酒、盐。

（4）蒸锅内水开后将鲈鱼放在蒸屉上，用旺火蒸 10 分钟后取出，去葱、姜片和肥肉膘片，将原汁倒入小碗内。

（5）炒锅中加水烧开，将火腿片、香菇片、笋片焯一下，均匀摆在鱼身上，然后将原汁倒入炒锅中，加清汤、盐、味精，汤开后浇在鱼身上即可。

提　示

1. 蒸锅内水开上蒸汽后放鱼，营养不易流失。

2. 蒸鱼时不要放味精，味精超过 120℃有轻微毒性。

3. 鲈鱼蒸 8 ～ 10 分钟肉质鲜嫩，时间过长容易质老肉烂。

【实例 2】 回锅肉（见图 2—16）

原料：猪后臀肉 500 克，青蒜 75 克，郫县豆瓣酱 50 克，甜面酱 10 克，酱油 10 克，盐 2 克，花生油 40 克，味精 3 克，葱、姜各 5 克，干辣椒 3 克。

图 2—16　回锅肉

制作方法：

（1）将猪后臀肉洗净，放在冷水锅中煮制 30 分钟，用筷子能插透时捞出，凉透，切成长 5 厘米、宽 4 厘米、厚 0.3 厘米的片。青蒜切寸段，葱、姜切片，干辣椒切段。

（2）炒锅烧热后加底油，烧至 6 成热，下入葱片、姜片和干辣椒烹香，放入肉片炒至出油，然后放入郫县豆瓣酱，炒香，呈红色，再放入甜面酱炒出香味，加入盐、青蒜段、酱油翻炒，最后加味精翻匀，装盘。

相关链接

油温是指锅中的油经加热所达到的温度。油的燃点在 300℃左右，分 10 成，每成约 30℃。油不要过多重复使用。烹制菜肴常用的有温油锅、热油锅、旺油锅三类：

温油锅：3 ～ 4 成热，90 ～ 120℃，油面较平静，无青烟、无响声，原料下油后周围出现少量气泡。

热油锅：5 ～ 6 成热，130 ～ 180℃，油面微冒青烟，油从四周向中间翻动，原料下油后周围出现大量气泡。

旺油锅：7 ～ 8 成热，190 ～ 240℃，有青烟，油面比较平静，用勺搅时有响声，原料下油后周围出现大量气泡并带有爆炸声。

炒菜时，若油锅不慎起火，撒一把食盐进锅即可灭火。

【实例 3】 山药炖排骨（见图 2—17）

原料：排骨 400 克，山药 150 克，葱、姜各 20 克，料酒 30 克，盐 6 克，味精 2 克。

制作方法：

图 2—17 山药炖排骨

（1）将排骨剁成 5 厘米长的段，洗净，葱、姜切片，山药去皮洗净后切滚料块。

（2）炒锅中加水烧开，放入排骨，焯一下后捞出，放冷水中洗净。

（3）炒锅中加清水 2 000 克，放入排骨、葱片、姜片，加入料酒，急火烧开后改微火加热，炖约 30 分钟后加盐，然后放入山药，炖至熟烂，加味精后装盘。

提　示

1. 水要一次加足，中途不宜加水。
2. 盐不宜放早，否则碘容易流失，排骨发老。
3. 急火烧开后微火加热，肉容易入味。
4. 山药不宜焯水，以免其黏液蛋白流失。

【实例 4】 松菇炖鸡块（见图 2—18）

图 2—18 松菇炖鸡块

原料：白条鸡 500 克，水发松菇 200 克，葱、姜各 20 克，料酒 40 克，盐 8 克，酱油 10 克，味精 3 克，清汤 1 500 克，食用油 10 克。

制作方法：

（1）将鸡剁成 3 厘米长的块，放在冷水中浸泡 10 分钟去血污，松菇涨发好后洗净，去沙、去污、去蒂，一片二，葱、姜切片。

（2）炒锅烧热后加底油，烧至 6 成热，放入葱、姜片，烹香后放入鸡块煸炒，加入料酒、酱油、清汤，急火烧开，撇去浮沫，放入松菇后改用中火炖 20 分钟，再加盐炖 10 分钟，放味精后装汤盘。

【实例 5】 椒盐鸡饼（见图 2—19）

原料：鸡脯肉 200 克，马蹄 80 克，熟猪肥肉 80 克，鸡蛋清 1 个，湿淀粉 20 克，食用油 75 克，熟火腿 50 克，盐 3 克，料酒 5 克，椒盐 2

克，葱、姜各 2 克，椒盐少许。

图 2—19　椒盐鸡饼

制作方法：

（1）将鸡脯肉、马蹄分别切成粒状，熟火腿、熟猪肥肉分别切成芝麻大的末状，葱、姜切末，一并放入盛器中，加盐、料酒、鸡蛋清、湿淀粉，搅成糊状。

（2）煎锅洗净烧热，下入底油，烧至 3 ~ 4 成热时，逐一将鸡肉糊挤成 3 厘米大的丸子，用小火煎，煎的同时用勺底将丸子压扁，煎至一面呈金黄色时翻身，两面均呈金黄色时成熟，盛入平盘中，撒上椒盐即可。

提　示

1. 制作前一定要先滑锅，锅涩容易粘锅。

2. 要用小火，火大容易煳锅，鸡饼颜色发黑。

【实例 6】 干煎黄花鱼（见图 2—20）

原料：黄花鱼 1 尾（约 250 克），葱、姜各 10 克，料酒 15 克，鸡蛋 1 个，淀粉 20 克，面粉 10 克，盐 5 克，食用油 40 克。

图 2—20　干煎黄花鱼

制作方法：

（1）将黄花鱼去鳞、鳃、内脏后洗净，从头至尾每隔 2 厘米打上斜刀，用料酒、盐、葱姜片腌渍 10 分钟。

（2）用鸡蛋、湿淀粉、面粉调成全蛋粉团糊。

（3）煎锅烧热，放入食用油，烧至 7 成热，将黄花鱼周身拖匀蛋糊，放入油中，用微火煎至一面金黄色，再翻身煎另一面至金黄色，成熟时装盘。

提　示

1. 糊调好后醒 30 分钟再用，不出现煳渣。

2. 煎鱼时火要小，否则外面焦煳而里面不熟。

3. 煎鱼前，先把空锅放在火上烧热，然后用生姜在锅内擦 1～2 遍后再放油，这样煎出的鱼皮色焦黄，而且不粘锅。

【实例 7】 大煮干丝（见图 2—21）

原料：方豆腐干 500 克，虾仁 50 克，熟鸡肫片 25 克，熟猪肚片 25 克，熟火腿丝 10 克，冬笋片 30 克，豌豆苗 10 克，虾子 15 克，盐 10 克，清汤 500 克，食用油 100 克，料酒 20 克，味精 3 克。

图 2—21　大煮干丝

制作方法：

（1）将豆腐干切成细丝，放入开水中焯过，控净水，挤去苦味，放入碗中。

（2）将锅放在旺火上烧热，滑锅后放入食用油 25 克烧热，放入虾仁，炒至呈乳白色时起锅，盛入碗中。

（3）锅中加清汤，放入干丝，再将火腿丝、猪肚片、鸡肫片、冬笋片放入锅内一边，向锅中加虾子、食用油 75 克，然后将锅置于旺火上，煮约 10 分钟，待汤浓厚时，加料酒、盐，盖上锅盖，煮约 5 分钟，加味精，然后将锅离火，盛在汤盘中。最后将豌豆苗放在干丝四周，顶端放上火腿丝和虾仁即可。

【实例 8】 水煮鱼片（见图 2—22）

原料：鱼肉 200 克，油菜 150 克，青蒜 10 克，鸡蛋清 1 个，泡椒 15 克，干辣椒 5 克，花椒 5 克，盐 6 克，湿淀粉 15 克，料酒 10 克，味精 3 克，食用油 150 克，葱、姜、蒜各 10 克，清汤 600 克。

图 2—22　水煮鱼片

制作方法：

（1）将鱼肉片成薄片，放入碗中，加

盐、鸡蛋清、湿淀粉上浆。

（2）油菜洗净，从中间切开，葱、姜、蒜切末，青蒜切寸段，泡椒剁碎。

（3）炒锅放微火上，加油 20 克，烧至 6 成热，下入干辣椒、花椒，出香味时倒出沥油，剁碎备用。

（4）炒锅放火上，加底油，烧至 6 成热，放入油菜翻炒几下，起锅装碗垫底。

（5）炒锅再放火上，加食用油烧至 6 成热，下入葱、姜、蒜末烹香，放入泡椒末，炒出红油，加清汤、料酒、盐，开锅后放入上浆的鱼片，用筷子轻轻拨动，成熟后用漏勺将鱼片捞起盛在碗中油菜上，锅中的汤用湿淀粉勾薄芡加入味精，浇入碗内，把事先备好剁碎的辣椒、花椒放在碗中央鱼片上，撒上青蒜段即可。

【实例 9】 干炸里脊（见图 2—23）

原料：里脊肉 250 克，葱、姜各 10 克，料酒 5 克，盐 6 克，食用油 400 克（耗 50 克），花椒盐 3 克，鸡蛋 1 个，湿淀粉 150 克，面粉 25 克。

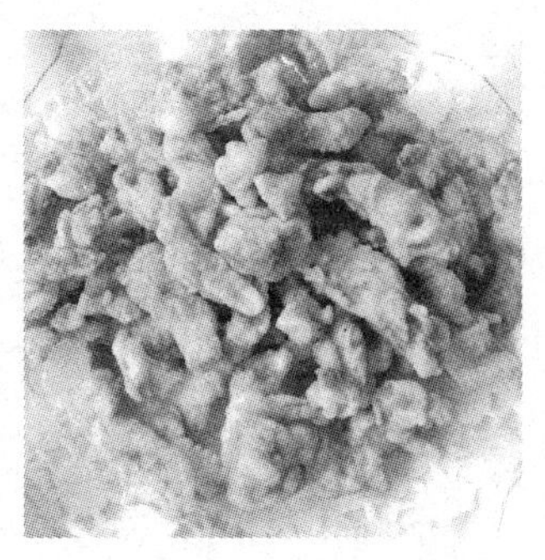

图 2—23 干炸里脊

制作方法：

（1）将里脊肉切成长 6 厘米、粗 0.8 厘米的“一”字条放入碗中，加葱片、姜片、料酒、盐腌渍 15 分钟入味。

（2）用鸡蛋、湿淀粉、面粉调成全蛋粉团糊，醒 30 分钟。

（3）炒勺烧热后下入食用油，烧至 6 成热，将腌好的肉放入糊中抓匀，逐条下入油中，炸至漂起呈淡黄色，成熟时捞出，控油装盘，盘两边放上花椒盐即可。

【实例 10】 软炸虾仁（见图 2—24）

原料：鲜虾仁 300 克，葱、姜各 5 克，料酒 5 克，鸡蛋清 1 个，湿淀粉 100 克，面粉 50 克，食用油 500 克（耗 40 克），花椒盐 5 克，盐 4 克。

制作方法：

（1）将虾仁脊背开刀，去虾肠、虾线，洗净控水，用葱片、姜片、料酒、盐腌渍 10 分钟。

（2）用鸡蛋清、湿淀粉、适量面粉调成蛋清粉团糊，醒 30 分钟备用。

（3）炒锅中加油烧至 5 成热，将虾仁挂匀蛋清粉团糊逐个下入油中，炸至成熟、呈淡黄色时倒出，控油装入平盘中，外带花椒盐。

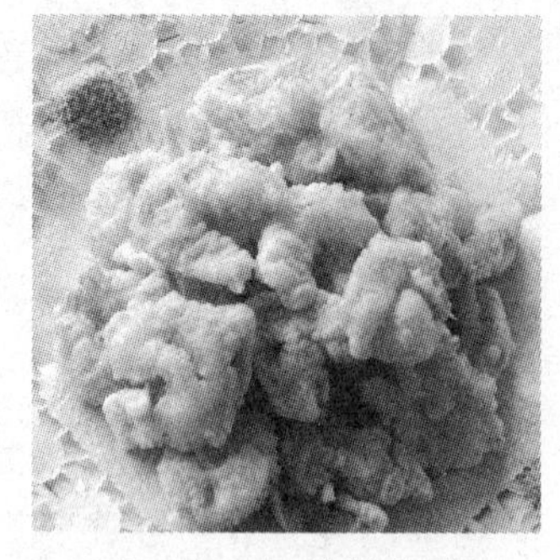

图 2—24　软炸虾仁

四、汤菜制作方法

汤是家庭餐中常见的菜品，要求上桌时热汤热水，口味清淡，切忌过咸。

【实例 1】 榨菜肉丝汤（见图 2—25）

原料：五花肉 50 克，榨菜 100 克，料酒 3 克，味精 3 克，清汤 500 克，盐 3 克，酱油 2 克。

制作方法：

（1）将肉切成 7 厘米长、0.2 厘米粗的丝，榨菜洗净后切成同样的丝。

（2）锅中加清汤或清水，放入肉丝，开锅后撇去浮沫，放入榨菜丝，放入料酒、盐、酱油、味精，装入汤碗即可。

图 2—25　榨菜肉丝汤

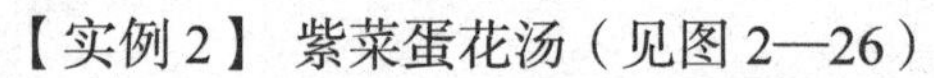

【实例 2】 紫菜蛋花汤（见图 2—26）

原料：紫菜 10 克，料酒 3 克，湿淀粉 10 克，清汤 500 克，鸡蛋 1 个，花椒油 20 克，盐 2 克。

制作方法：

（1）将紫菜洗净撕碎。

（2）锅中加清汤，放入紫菜、料酒、盐，开锅后用湿淀粉勾芡，甩上鸡蛋液，淋上花椒油装汤碗即可。

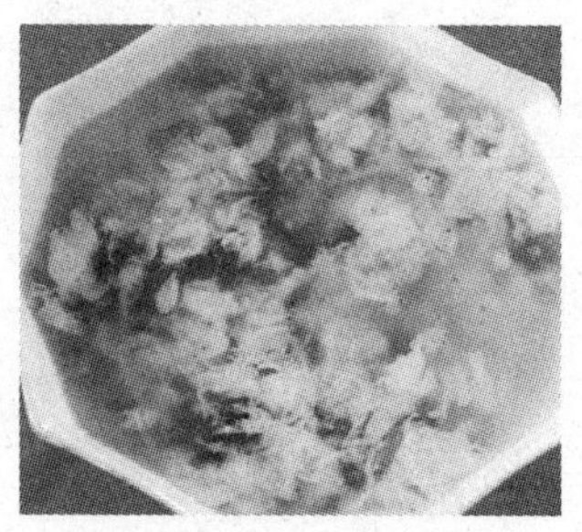

图 2—26　紫菜蛋花汤

相关链接

1. 花椒油的制法：将锅烧热后放入食用油，烧至7成热，下入花椒炸至呈微黄色即可。

2. 花椒水的制法：将适量花椒放入碗中，浇入滚开水，加盖焖一会儿，滤去花椒即可。

【实例3】皮蛋香菜鱼片汤（见图2—27）

原料：皮蛋1个，纯青鱼肉50克，香菜25克，盐4克，味精3克，清汤750克，精制油2克，胡椒粉少许。

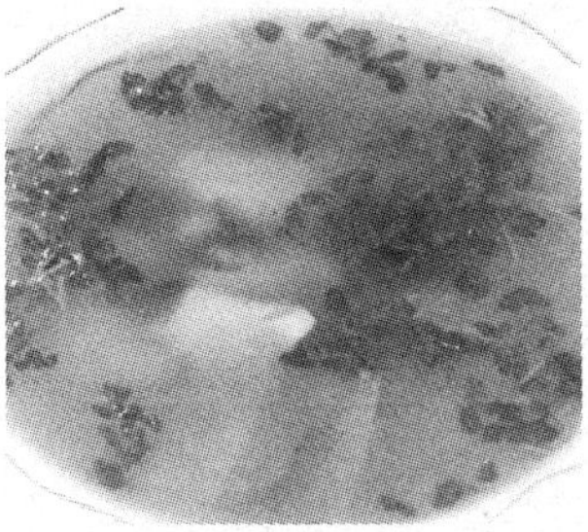

制作方法：

（1）将皮蛋切片，鱼肉切薄片。

（2）将香菜择洗干净后切碎。

图2—27　皮蛋香菜鱼片汤

（3）往锅内放清汤烧沸，下皮蛋片和鱼片，加盐、味精，煮沸后撇去浮沫，放香菜末，撒胡椒粉，淋油出锅装汤碗。

【实例4】 成都蛋汤（见图2—28）

图2—28　成都蛋汤

原料：鸡蛋2个，水发黑木耳6朵，菜心2棵，笋片（或茭白片）10片，盐4克，味精3克，黄酒10克，鲜汤1 000克，豆油25克，胡椒粉少许。

制作方法：

（1）将鸡蛋打碎，菜心剖成4瓣。

（2）锅内放油烧热，下蛋液煎成两面金黄的蛋饼（不能煎焦），再用铲刀划散，喷黄酒，加鲜汤煮沸后加盖，用旺火煮5分钟（保持汤面沸腾）至汤呈乳白色。

（3）放笋片、黑木耳，加盐、味精，再放入菜心，撒少许胡椒粉（起香）出锅装汤碗。

五、设计家庭餐菜谱

除尊重客户饮食习惯、口味喜好外，设计家庭餐菜谱时，还要考虑以下因素：

1．菜肴的数量

家政服务员要根据家庭就餐人数确定菜肴的数量。一般三口之家一次主餐可设定四菜一汤，如菜的种数少，每菜的量可略丰满；若菜的种数多，则每菜可酌情减量。按原料的净重计算，每人约500克为宜。

2．菜肴的搭配

按照营养均衡、荤素搭配的原则，家庭餐套菜中肉、蛋、水产、时令蔬菜均应有之。如四菜一汤中，可考虑两荤两素，既体现色彩多样，又满足营养摄取。

3．菜肴的口味

根据客户家庭成员的饮食习惯和口味喜好，尽量运用多种烹调方法和多种调味品，使制成的菜肴一菜一味，各具特色。

例如，家政服务员可参照以下菜谱为客户准备午餐：芹菜炒肉丝、茄汁鱼条、柿椒鸡蛋饼、蒜蓉油麦菜、虾皮紫菜蛋花汤。

第四节　一般主食制作

一、主食制作的基本常识

1．主食的含义及重要性

主食是指餐桌上的主要食物，是人们所需能量的主要来源。正因为主食如此重要，所以家政服务员必须了解主食的有关常识，学会并掌握主食的基本制作方法。

2．主食的地域性特点

主食在不同地域有不同的特点。如内蒙古、西藏以肉类为多；南方以大米、海产品为多；东北地区盛产大米，所以也以大米为主食。以面食为主的主要有山东、河南、河北、山西、陕西等省份。由于我国地域广阔，各地物产和崇尚的口味各不相同，因此各地主食的做法也有差异，对成品所起的名字也不尽相同。如馒头，北方称无馅者为馒头或馍，有馅者为包子；南方一些地区仍然维持比较老的称呼，比如在苏州话中，“馒头”是带馅的，而“白面馒头”或者“实心馒头”是不带馅的。随着饮食观念的转变、交通运输的发达和饮食文化交流的增多，各地域食物成分的组成正在由单一变为多元。

3．主食制作方法

家庭主食制作的方法主要有蒸、煮、煎、炸、烘及复合加热法。

（1）蒸。即用水蒸气传热的一种成熟方法。其成品松、软、滑、糯，适用于制作馒头、米饭、蒸包、花卷等。蒸制时，首先要注意火大气足，避免中途添水；其次要掌握好蒸制时间，制品成熟后要及时下屉或松动一下，以免粘在屉上。

（2）煮。即用大量水传热的一种成熟方法。其成品爽滑、软糯，并带有一定的汤水。一般适用于饺子、馄饨、面条、汤圆等的成熟。

提　示

1. 煮时，水烧开并搅动后制品再下锅，可防止粘底或互相粘连。

2. 水面要宽，并保持“沸而不腾”，以利制品成熟和形态完美。有些制品应反复加入少量冷水，并保持水质清洁。

3. 掌握好成熟度，成熟后马上出锅，防止制品煮得过软。

（3）煎。即用少量油与水传热的一种成熟方法。其成品部分软嫩、部分焦香，一般适用于加工煎包、锅贴、家常油饼、南瓜饼等。煎制食品时火力不宜过大。

（4）炸。将制品浸入大量油中使其成熟的一种方法。如炸馒头片、炸元宵等。炸制食品时火力不宜过大。

（5）烘（烤）。即借助空气对流和辐射传热来使原料成熟的一种方法。其成品香、酥、松、软、脆，一般适用于加工蛋糕、面包、烧饼等。

（6）复合加热法。即用两种以上的方法使原料成熟，其成品具有两种不同方法成熟制品的综合特点，如炒面、炒饭等。

二、一般主食制作

1．蒸制食品

【实例 1】 馒头（见图 2—29）

图 2—29 馒头

原料：面粉 500 克，干酵母 5 克，水 250 克。

制作方法：

（1）取 500 克面粉放入面盆中。

（2）取 5 克干酵母，用 250 克 30℃的温水溶化。

（3）将溶化起泡的酵母水逐渐倒入备好的面粉中混合均匀，并反复用手揉制，形成表面光滑的面团。揉制过程中不断地将粘在盆子边沿上的面蹭干净，再将粘在双手上的面搓干净。

（4）在面团上盖上湿净屉布，盖好和面盆，以防面团表皮干燥。在 35 ~ 40℃条件下饧发 40 分钟左右至面团发起。

（5）将发酵好的面团放在面板上，用干面将面盆底蹭干净，蹭下的面与大面团揉在一起。将面团反复揉光，然后搓成长条状，用面刀切成 10 等份（比实际馒头小）或揉成圆形，用干净布盖住再饧 10 分钟左右，至表面涨润有光泽，手按后易复原为止。

（6）蒸锅里加入水烧开，将屉布洗净平整铺在蒸屉上，依次摆好馒头（馒头之间留有一定间隔），盖好锅盖。

（7）上火蒸。根据馒头大小，蒸制时间掌握在 25 ~ 30 分钟。关火后等待 2 分钟，打开锅盖取出馒头。

提　示

1. 南方人喜欢吃甜，可在干酵母中加 25 克糖用温水一并溶化。

2. 夏天气温高，酵母发酵快，饧发时间可短些；冬天气温低，可将面盆放到朝阳或有暖气的地方饧发。

3. 发酵粉量的多少只影响发酵时间，其他无碍。

4. 和面时，夏天可用凉水，冬天用温水。

相关链接

1. 巧配发酵剂：如果事先没有发面而又急于吃馒头，可用500克面粉加10克食醋、350克温水的比例发面，将其拌匀，发15分钟左右，再加小苏打约5克，揉到没有酸味为止。这样发面，蒸出的馒头又白又大。

2. 判断馒头生熟的方法：一是用手轻拍馒头，有弹性即熟；二是撕一块馒头的表皮，如能揭开皮即熟，否则未熟；三是用手指轻按馒头后，凹坑很快平复为熟馒头，如凹陷下去不复原，则表明馒头还没蒸熟。

【实例2】 糯米烧麦（见图2—30）

原料：面粉500克，糯米500克，猪肉200克，虾仁若干，糖50克，酱油50克，味精5克，料酒2克，葱25克，熟猪油150克，盐、姜末、胡椒粉少许。

图2—30 糯米烧麦

制作方法：

（1）将糯米淘洗干净，用冷水浸泡12小时，然后沥干水分，上笼蒸熟；再将猪肉切成小丁，葱切成葱花备用。

（2）将锅烧热，放入猪油，将猪肉下锅煸炒至断生后，加料酒、酱油及糖，焖烧至熟，然后加入味精、盐等调味料，煮至汤滚，再倒入熟糯米饭拌匀，汤汁收干后加入熟猪油、葱花拌和，待出锅冷却即成糯米烧麦馅。

（3）将面粉放入盆内，加沸水200克拌和成雪花片状，再洒入50克冷水，均匀揉合，待揉至面团光滑后，搓条揪剂，每个剂子重15克左右，然后用擀面杖将剂子擀成直径10厘米左右、荷叶边、金钱底的皮子。

（4）在皮子中放入35克馅心，然后捏成白菜形烧麦生坯，每个生坯上放一个虾仁，放入蒸笼，用旺火蒸7分钟左右，即可取出装盘。

提 示

1. 正宗的烧麦皮要用专门的擀面杖，家里一般用普通的擀面杖，可以把外边压出褶皱，像荷叶裙边的样子即可。

2. 包烧麦的时候，不用收口，用拇指和食指捏住烧麦边，轻轻收一下就可以。

3. 蒸之前一定要在烧麦表面喷水。因为擀皮的时候要加许多面粉才能压出荷叶裙边，如不喷水，蒸好的烧麦皮会很干。

4. 可根据需要制作不同品味的烧麦馅心，如肉馅等。

相关链接

和面的技巧

1. 水与面的比例要适当，约 2∶5。

2. 面团要充分揉匀，然后用干净的湿布盖好，放置约 20 分钟，使面饧透，以提高面的筋性。

3. 硬些的面团（适当少加水）可用来制作面条、馄饨皮等；软些的面团（适当多加水）可用来制作饺子、烙饼等。

4. 做馒头或发面饼要用 35℃左右的温水和面，然后放入发酵粉，揉好后发酵。

2．煮制食品

【实例 1】 水饺（见图 2—31）

原料：面粉 500 克，夹心肉馅 250 克，韭菜 250 克，姜末 5 克，花椒水、花椒油，鸡蛋清 1 个，酱油 5 克，盐 10 克，料酒 3 克。

图 2—31　水饺

制作方法：

（1）在 500 克面粉中加入 200 克清水，和成面团，盖上湿净布饧 10 分钟。

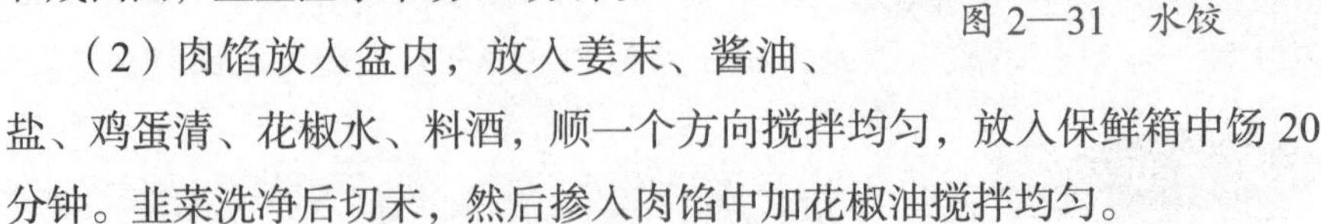

（2）肉馅放入盆内，放入姜末、酱油、盐、鸡蛋清、花椒水、料酒，顺一个方向搅拌均匀，放入保鲜箱中饧 20 分钟。韭菜洗净后切末，然后掺入肉馅中加花椒油搅拌均匀。

（3）将饧好的面团揉成长条状，揪成剂子，按扁后用擀面杖擀成直径约 5 厘米的圆形面皮，中间放入韭菜肉馅，将皮子边缘对齐包严呈半月形。

（4）锅中加水，用急火烧开后将水饺下锅，用手勺轻轻推动，开锅饺子浮起后分3次加少许冷水，再开锅即熟，捞出装盘。

提　示

1. 饺子下锅后应立即用手勺推动，防止粘锅。

2. 速冻水饺冷冻的时间较长，饺子皮的水分会蒸发掉，饺子不容易煮熟，还会有点夹生，不宜用大火猛煮，要用中小火慢慢煮透。

3. 煮速冻水饺要观察饺子的形态，饺子下锅后会慢慢变软，如果饺子漂浮在水面上，饺子皮凹凸不平，则表示饺子已熟。

【实例2】 手擀面（见图2—32）

原料：面粉300克，水120克，盐2克。

制作方法：

（1）面粉中加入盐，混合均匀，然后一点点加入水，用筷子搅成雪花状。

（2）将面和成光圆面团，盖上湿净布饧15分钟。

图2—32　手擀面

（3）将面团放在面板上，揉10分钟后盖上湿净布再饧5分钟。

（4）面团上撒一些薄面，用擀面杖将面团擀成大圆片，再撒上点面粉（防粘），由下向上对折呈半圆形，再由下向上折起，折至宽10厘米左右后用刀切成均匀细条状，手拿起中间部分向上提，把面条抖开，下入煮沸的热水锅中，煮熟捞出即可。

3. 煎制食品

【实例1】 葱油饼（见图2—33）

原料：面粉500克，水250克，食用油60克，盐10克，葱末50克。

制作方法：

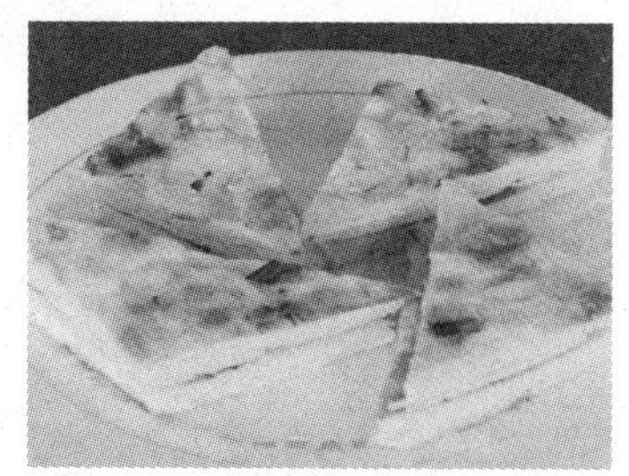

图2—33　葱油饼

（1）面粉中加水和盐揉成面团，盖湿

净布饧50分钟。

（2）将面团揉至光滑，搓成圆形长条状，揪成10个面剂子，将剂子揉匀、按扁，擀成薄片，薄片表面刷一层油，撒上葱末、盐，卷起，然后盘成小圆饼，再度轻轻擀薄后，表面刷点油。

（4）电饼铛通电烧热（180℃左右），刷少许底油，放入圆饼，边烙边翻，至两面呈金黄时即可装盘食用。

【实例2】 鲜肉锅贴（见图2—34）

原料：面粉1 000克，夹心肉糜500克，食用油100克，盐12.5克，糖16克，味精6克，料酒5克，清水200克，葱姜末、麻油、胡椒粉各少许。

图2—34 鲜肉锅贴

制作方法：

（1）将肉糜放入盆内，加盐后顺着一个方向搅拌上劲，然后加入料酒、清水搅拌，再加入糖、味精、葱姜末、胡椒粉，搅拌后淋上麻油，再搅拌均匀即成鲜肉锅贴馅。

（2）将面粉放在容器内，加沸水和成面团，让面团内热气散尽后再揉匀搓条，等份揪成剂子，用擀面杖擀成圆形的皮儿，接着放上馅心，将皮子对折捏拢成月牙形的生坯。

（3）平锅内放油烧热，将生坯整齐地排列在平锅内，略煎片刻，放入200克水，盖上锅盖，用旺火煎5～6分钟，后改用小火煎2～3分钟，水干即熟，再煎至锅贴底部呈金黄色时起锅装盘。

4．炸制食品

【实例1】 炸春卷（见图2—35）

原料：肉丝100克，韭菜300克，虾皮10克，春卷皮150克，食用油500克，料酒、盐、味精、糖、淀粉适量。

图2—35 炸春卷

制作方法：

（1）韭菜切成小段；虾皮爆香；肉丝中加盐和淀粉腌渍，过油后盛出。肉丝与韭菜、虾皮加上调料拌匀成馅。

（2）用春卷皮包馅料，卷成长条形。

炒锅内放入食用油，烧至5成热时放入春卷炸至呈金黄色捞出，然后改用大火再炸10秒钟即成。

【实例2】 炸馒头片（见图2—36）

原料：馒头2个，食用油500克，白糖或精盐适量。

图2—36 炸馒头片

制作方法：

（1）准备1碗凉水，把切好的馒头片放入碗内，用水浸透后，立即逐片放入烧热的油锅里炸。

（2）馒头炸至两面呈金黄色时捞出，趁热撒上白糖或精盐，吃起来脆香可口。

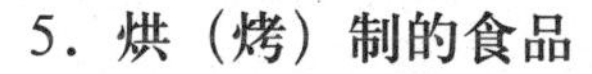

5．烘（烤）制的食品

【实例】 清蛋糕（见图2—37）

原料：面粉500克，砂糖500克，鸡蛋1 000克，香草和香精少许。

图2—37 清蛋糕

制作方法：

（1）将鸡蛋和糖放入打蛋容器内，用打蛋抽子用力搅打，至呈浅黄色、挑起后不断落即可。

（2）将面粉过筛，徐徐倒入已打好的蛋糕原料里，滴入香精，从底往上轻轻拌和，速度要快，而且要拌匀。

（3）将原料倒入铺好白纸的高边烤盘内，推入5成热烤炉，烤至蛋糕涨发、表面呈金黄色时，用牙签在蛋糕中间插一下，无沾黏即熟。若内部尚未熟透，可在蛋糕上盖一张纸继续烤至熟，熟后离火，冷却。

6．复合加热的食品

【实例】 扬州炒饭（见图2—38）

原料：熟米饭250克，火腿30克，鸡蛋1个，豌豆20克，黄瓜20克，虾仁20克，

图2—38 扬州炒饭

鲜玉米粒 20 克，植物油、味精、葱花、盐适量。

制作方法：

（1）将鸡蛋打碎并炒熟、切碎火腿、黄瓜、虾仁切小丁。

（2）炒锅内放油，置于旺火上，放入葱花、火腿、豌豆、虾仁、玉米粒、黄瓜炒香，然后加入熟米饭、炒好的鸡蛋，迅速翻炒，待米饭炒散后放入盐、味精，和配料炒匀，盛盘即可。

思考与练习

1. 判断烹饪原料品质的标准是什么？
2. 怎样用感官鉴定原料品质和卫生程度？
3. 新鲜蔬菜初加工遵循的原则是什么？
4. 油温的分类及特点是什么？
5. 调味的原则是什么？
7. 主食制作的方法有哪几种？

综合训练

1. 一五口之家，男方是东北人，女方是湖北人，女儿 3 岁，岳父 65 岁，身体健康，而且每天喜欢喝上一两小酒，岳母 62 岁，患有高血压、糖尿病。如果你是这个家庭的家政服务员，请为其设计一顿老少皆宜的午餐。

2. 王教授夫妇都已退休，身体健康，饮食上也没什么禁忌，一儿一女均在国外，平时主要由家政服务员小王来照料老两口的生活起居。王教授生日这天，儿女两家突然从国外回来，给了王教授夫妇很大的惊喜，全家人高兴极了，站在一旁的小王高兴之余也着起了急，眼看着再有两三个小时就到午饭时间了，家里的菜也就够做四五口人的，这一下子 7 个大人、3 个孩子，加起来 10 口人，可怎么办啊，请你帮小王计划一下，这两三个小时她应该怎么做，设计怎样的菜谱，才能又快又好地完成这个任务。

3 第三章　家居保洁

家居保洁是家政服务员的主要工作之一，要求家政服务员正确运用规范的清洁方法，合理、有序、高效地完成各环节操作，为客户提供干净舒适、整齐美观的居室环境。

第一节 熟悉保洁用品

一、清洁剂

常用清洁剂见表 3—1。

表 3—1 常用清洁剂一览表

品种	使用方法及用途
洗衣粉（皂粉）	使用时取适量洗衣粉，用温水将颗粒溶化（水温过高，洗衣粉去污性降低 50%）
碱	使用时先用热水泡开再冲入少量温水，主要用来洗涤油污较多的餐具
肥皂	主要用于洗手及洗涤小衣物
去污粉	主要用于擦拭搪瓷、玻璃器皿以及水池、浴盆、陶瓷类地砖和墙砖等，使用时先将需清洁的物品用水冲湿，再用湿抹布蘸去污粉反复擦拭污处，然后用清水冲洗干净，再用干布擦干即可
洗涤剂	厨房中使用的洗涤剂安全无毒、去污力强，主要用于洗涤瓜果、蔬菜、炊具、餐具等，用洗涤剂洗完果蔬、餐具后，一定要用清水冲洗干净
消毒剂	用于洗手消毒、餐具消毒以及蔬菜水果消毒的主要是含氯消毒剂，“84”消毒液是其中最有代表性的一种 消毒剂必须谨慎使用，含氯的消毒剂不能与含酸的消毒剂混用，否则会引起化学反应，影响身体健康 消毒剂使用完后，应用清水冲洗干净双手和消毒物品
漂白粉	呈白色粉末状，有刺激性氯臭，主要用于餐具、药杯、地面、家具、便器等的消毒。在污物水分足够的条件下，一份污物加 0.2 份漂白粉，搅拌后加盖放置 2 小时即可杀灭细菌。漂白粉不能撒在干燥处消毒

此外，家庭中还常用到地毯清洁剂、玻璃清洁剂、空气清新剂、除臭剂、油烟净、杀虫剂等，家政服务员严格按照商品说明书使用即可。

提 示

使用清洁剂、消毒剂时，要佩戴橡胶手套，避免用手直接接触，更要防止清洁剂溅入眼、鼻、口中；清洁剂、消毒剂等要放在儿童不易拿取的地方，以免儿童误用、误服，造成伤害。

二、清洁工具

清洁工具按其功能，大致可分为以下三类。

1. 清扫类工具（见图3—1），如鸡毛掸、扫帚、簸箕、各种毛刷、吸尘器等。

图3—1 清扫类工具

2. 擦拭类工具（见图3—2），如抹布、百洁布、吸水毛巾、钢丝球、拖把、水桶等。

图3—2 擦拭类工具

3. 其他类工具（见图3—3），如喷壶、橡胶手套、小刮（铲）刀、垃圾桶等。

  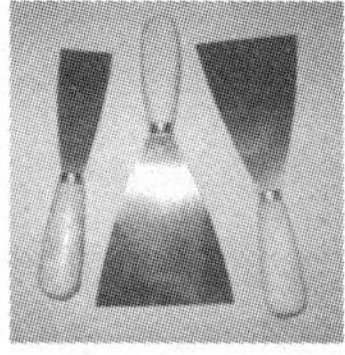 

图 3—3 其他类工具

提 示

旧报纸、旧牙刷、旧丝袜、旧塑料袋、棉棒、牙签等都是可选的清洁工具。食用醋、牙膏也可作为清洁用品使用。另外，家政服务员清洁时要尽量做到废物利用，如洗菜水浇花、旧毛巾做抹布、手绢代替纸巾等，将低碳、环保、节约的意识渗透到服务诸环节中。

第二节 做好保洁计划

一、了解清洁内容

一般来说，家居保洁主要包括地面、门窗、家具、物件、墙面以及厨房中的厨具、餐具和卫生间洁具等的清洁。家政服务员应根据需要，结合客户的要求或习惯，合理安排定期保洁项目。表 3—2 列出了一份较详细的清洁计划，可供参考。

表 3—2 家居清洁计划表

时间	清洁内容
每天	给房间通风换气1～2次；清洁各种家电、家具表面的灰尘；扫地、拖地、清洁窗台；清洁卫生间洁具和各种厨房用具
每三天	对卫生间各种洁具进行消毒，对门窗、墙面、天花板进行除尘
每周	擦拭居室和卫生间的镜子，擦拭电话机、灯具等
每十天	对电冰箱内部进行擦洗、消毒；清洗床单、被罩、枕巾(套）等；擦拭玻璃窗
每月	清洗沙发罩；整理衣柜、鞋柜；清洗抽油烟机
每三个月	清洗纱窗、窗帘；清洗地毯；给地板、家具打蜡、上光

提　示

家政服务员的家居清洁计划应合理、可行，切合客户家庭实际情况和要求，实施前应与客户沟通，整理衣柜、鞋柜前应征得客户同意。

二、恰当安排清洁程序

面对杂乱无序的居室，清洁工作究竟应该从哪里入手呢？这就涉及清洁程序的问题了。有经验的家政服务员会将首先映入眼帘的居室现场作一番归纳调整，即按人们普遍的审美要求和居住感受，在短时间内将凌乱的现场清理出来，衣服挂到衣架上，鞋子摆放整齐，物品归类放置，给人视觉一新的感受。这段归纳整理的时间无须太长，我们不妨称它为“关键一刻钟”。有了这一刻钟的先期整理，居室的主要部位都恢复了正常秩序，然后再按照一定的顺序对各细节处进行清洁。

这里提供一种较为快捷、高效的家居清洁程序(见表3—3)，供参考。

表3—3　　家居清理的基本程序与操作要求

程序	内容	操作要求
1	开启窗帘	检查窗帘是否有掉钩、脱轨或破坏现象，是否灵便好用。如房内有异味，可开窗通风
2	清理烟灰缸	把烟灰缸里的烟头、烟灰倒入垃圾桶，洗净擦干，不能将烟灰缸里的脏物倒进便桶内，以防堵塞
3	清理废纸篓	如废纸篓内套有垃圾袋，直接把垃圾袋取出扔到垃圾桶内，并换上新的垃圾袋；如篓内未套垃圾袋，倒尽篓内污物后，应将废纸篓清洗干净
4	整理床铺	日常整理参见表3—7中相关内容，如需更换，应先将干净的被罩、毛毯放在椅子上，将用过的床单、枕套从床上撤下，再把床铺好
5	擦拭除尘	按照先上后下、先小（物件）后大、先里后外的顺序，擦拭一处，检查一处，做到清洁有序不漏项
6	清洁地面	无论使用哪种清洁工具，都要按照由里到外，由边角到中间，由小处到大处，由床下、桌底、沙发下到居室裸面的顺序清洁

提　示

倒烟灰缸时，一定要查看烟头是否熄灭，未熄灭的必须及时处理，防止起火；清理纸篓时，应注意妥善处理垃圾袋内的危险品。

三、把握清洁要领

1．开窗通风（见图3—4）

居室内每天应至少开窗换气1～2次，每次30分钟左右。若家庭中有病人、老人或婴幼儿，要注意通风门窗不要直对着他们，以免引发感冒。

图3—4　开窗通风

2．抑制灰尘

整理房间时要轻扫轻擦，轻拿轻放，避免尘土飞扬。

3．放置规整

室内物品要尊重客户的生活习惯，按照一般使用规律和相对固定的原则摆放，避免“物无定处”，用起来不方便。

4．合理操作

整理房间要操作规范，顺序合理：一般应先整理摆放，后擦拭扫地，即本着从上到下、从里到外、从小处到大处、从边角到中央、从浮尘到脏污的顺序逐一进行，避免二次污染、重复劳动。

5．清理场地

房间整理完毕，要及时将清理出来的垃圾按照环保、低碳的原则区分可回收与不可回收进行处理。

6．环视检查

面对清洁后的家居现场，最后应做一次环视检查，避免遗漏。

提　示

生活中可回收的资源主要有废纸、塑料、玻璃、金属、布料等，可回收以外的垃圾基本上都是废弃物，如烟头、废煤渣、油漆颜料、食物残渣等。有毒垃圾包括废电池、日光灯管、水银温度计、油漆桶、药品、化妆品等，对有毒垃圾要集中妥善处理。

第三节　掌握保洁方法

掌握正确的清洁方法，家政服务员要牢记四句话：把握要领、合理运用、依据流程、科学操作。

一、清洁地面

1. 清洁地面的流程及方法

不同材质地面的清洁流程及方法见表 3—4。

表 3—4　　不同材质地面的清洁流程及方法

类别	清洁流程及方法	备注
木地板	1. 用软扫帚（或吸尘器）将表面污物扫（吸）干净 2. 用潮湿的拖布擦拭，打蜡地板可用蜡拖把擦拭	1. 有污渍的地方可以先蘸中性洗涤剂擦拭，再用湿布擦净，避免用汽油擦拭 2. 不要把烟头或燃烧着的火柴棒随手扔在木地板上，以免烧焦地板表层；水或饭菜汤洒落在地板上，要及时清除 3. 不要用尖硬物划伤地板 4. 定期为地板打蜡上光
纯毛地毯	要经常用吸尘器除去地毯上的纸屑、尘土等，遇到污点，可用湿布蘸洗涤剂反复擦	1. 定期拿到室外通风处拍打，拍打前可先在阳光下晒 3 ~ 4 小时 2. 地毯使用几年后，要将经常调换磨损的部位，使之磨损均匀。如某些地方出现凹凸不平，可轻轻拍打或者用蒸汽熨斗轻轻熨烫

续表

类别	清洁流程及方法	备注
化纤地毯	1. 直接用扫帚清扫 2. 用潮湿的拖布或抹布擦净，也可使用吸尘器清洁	定期拿到室外用清水冲洗，晾干后再拿到室内铺好
大理石或瓷砖地面	1. 用扫帚或用吸尘器将地面污物清扫干净 2. 用湿拖布从里到外，从边角到中间，从桌下、床底到较大地面反复擦拭 3. 用干拖布擦干，以防滑倒	用清水擦只能擦去表面污垢，时间长了，地面会发暗，可用拖布蘸洗涤剂擦拭（擦地拖布不宜太湿）

2．清洁地面的基本要求

（1）清洁时，可移动的摆放物要移动后再清洁，避免遗漏死角和摆放物下的空间，如图 3—5 所示。

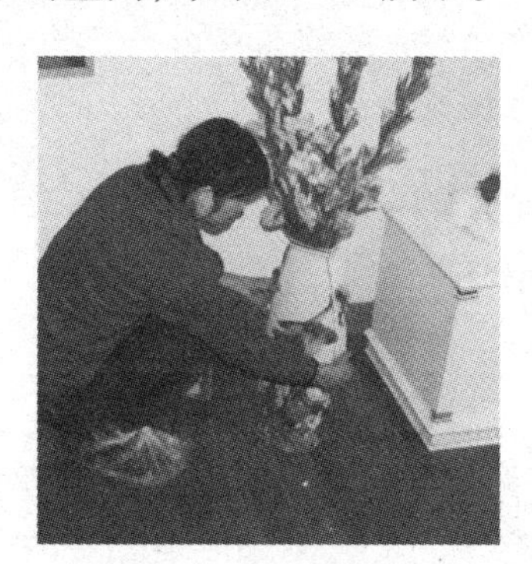

图 3—5　移动摆放物后清洁

（2）拖地时要勤洗拖把头，每次拖约 6 平方米后清洗一次拖把头，拖约 16 平方米后换水。

（3）拖地过程中随时将黏附在拖把头上的头发类杂物清理干净。

（4）拖擦后，拖把应放入水桶中拎走，不得悬空提走，如图 3—6 所示。

（5）擦过污染物的拖把，要用热水浸泡，再用洗涤剂清洗，然后漂洗干净，晾干待用。

错误方法

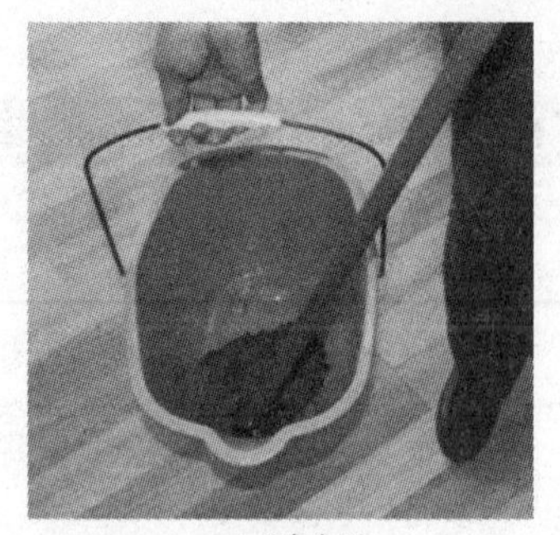
正确方法

图 3—6　拎拖把的方法

提　示

1. 给地板打蜡的方法：清除地板表面污物→用湿拖布擦净地板并晾干→用软布把地板蜡均匀涂抹在地板表面使其渗透→稍干后将拖把蜡涂在拖把头上，放在细丝绒上，顺着地板纹路来回拉动拖把→擦掉地板上的污迹并扫清地面→来回拖动涂蜡拖把，打光地板表面。

2. 上地板油的方法：先将地面擦干净，污渍用湿拖布擦掉，干燥后用洁净的干布沾上地板油擦拭即可。

3．地毯（地板）上常见污物的清洁方法

地毯（地板）上常见污物的清洁方法见表 3—5。

表 3—5　　地毯（地板）上常见污物的清洁方法

类别	清洁方法
墨水渍	方法一：将食醋倒在墨水渍处，20 分钟后用湿布擦除 方法二：用柠檬汁或柠檬酸擦拭，擦拭过的地方要用清水洗一下，然后用干毛巾吸去水分
血渍	先用冷水擦洗，再用温水或柠檬汁搓洗，也可用香皂搓洗 切忌先用温水洗，血中蛋白质遇热容易凝固粘牢，难以洗掉
油污	可用汽油与洗衣粉混合调成糊状，晚上涂到油渍处，早晨用温水清洗后，再用干毛巾将水分吸干，并设法尽快将地毯晾干 切忌在阳光下暴晒，以免退色
水果汁	可用冷水加少量氨水去除

续表

类别	清洁方法
咖啡、可乐、茶渍	可用甘油兑水除掉，通常1食勺甘油兑1升水即可
牛奶、呕吐物	对化纤地毯来说，可先用茶叶揉擦，然后用扫帚扫走
绒毛、纸屑等	质量较轻，用吸尘器即可处理干净
碎玻璃	可用宽胶带粘起，也可用湿肥皂按擦碎玻璃散落的地方，碎玻璃就会粘在肥皂块上，随后刮去再按，直至清除完毕

二、清洁墙壁

1. 清洁墙壁的步骤

清扫墙壁要按照顺序，从上到下，由角、边、凹陷处到主体墙面，逐一清扫，不留灰尘。

墙壁清扫完毕后要将地面清理干净，把清扫工具一一收起，清洗晾干以备后用。

2. 常见材质墙壁的清扫方法

常见材质墙壁的清扫方法见表3—6。

表3—6　常见材质墙壁的清扫方法

类别	清扫方法
刷涂料（刷浆材料、水溶性涂料、溶剂型涂料、乳胶漆、油漆等）的内墙	（1）用吸尘器吸取涂料墙表面灰尘 （2）用鸡毛掸子清除涂料墙角处的灰尘 （3）用百洁布擦拭污染处，也可蘸少量洗涤剂擦拭 （4）用湿毛巾将墙面擦拭干净
贴塑料壁纸、壁布墙面	（1）用吸尘器吸去墙面的灰尘 （2）用鸡毛掸子掸去死角处的灰尘 （3）用微温、微湿毛巾轻轻擦拭表面 （4）用蘸有清洁剂的百洁布擦拭表面，除去局部污垢，再用微湿毛巾擦去污迹 （5）用吸水毛巾擦干潮湿表面

续表

类别	清扫方法
玻璃、金属墙	（1）用刮刀铲除玻璃表面的污垢和金属结构框边缘及死角的污垢 （2）用毛巾蘸清洁剂，拧干后擦拭金属结构框表面 （3）用干燥、洁净毛巾擦拭金属结构框表面，去除污垢
多彩喷塑墙壁	多彩喷塑墙壁与油漆墙壁一样比较平整光亮，不容易积灰又容易清扫。平时可用鸡毛掸掸扫灰尘，也可用柔软的毛巾或棉纱轻擦，每隔几个月用拧干的湿毛巾擦洗一次
木胶合板	（1）用吸尘器进行表面吸尘，吸尘器吸不到的地方，用鸡毛掸清除灰尘 （2）用温水浸湿抹布，拧干后擦拭木制品表面 （3）用百洁布蘸清洁剂，局部除垢 （4）用干燥、洁净的吸水毛巾擦拭木胶合板表面，恢复原有的光泽、颜色、质感
釉面砖墙	釉面砖多用于厨房、卫生间。 清洁厨房墙面：（1）用软毛刷蘸稀释后的碱性洗涤剂反复擦洗，擦净油污；（2）用清水采用同样的方法将墙面清洁干净，用干布擦干 清洁卫生间墙面：（1）用洗涤剂或去污粉兑好水，用海绵或毛巾蘸少量水溶液擦拭；（2）用清水冲净，再用干布擦干

提　示

1. 墙面擦洗应自上而下进行，不防水的墙面切不可用水清洁，以免造成墙皮脱落。

2. 油漆墙面上的污渍可用清水或肥皂液擦抹，忌用碱水、汽油、香蕉水等化学溶液。

白灰粉刷的墙壁忌用水擦、刀刮，若粘有污渍，可用细砂纸轻轻磨去。

涂料装饰的墙壁不能用碱水类具有腐蚀性的去污剂擦洗，以免将涂料和灰尘一起擦掉。

3. 无论哪种墙壁，如果沾上污垢，切忌用力猛擦，以免损坏墙壁，同时还应避免操作工具或吸尘器的边角划伤墙壁表面，尤其是贴壁布的墙面。

三、清洁门窗

1．清洁纱窗

取下纱窗，掸去浮尘，用清水冲净后用干毛巾擦干。

2．清洁积尘

用鸡毛掸从上至下把门窗上的积尘掸扫干净，或用抹布擦净。

3．清洁边角框架

用湿毛巾从上至下擦洗门窗的边角框架，然后用干毛巾擦干。

4．清洁玻璃

用湿毛巾蘸稀释的玻璃清洗剂反复清擦玻璃两面，用刮水器刮净玻璃。或用喷雾器将清水均匀地喷洒在玻璃上，特别是玻璃的边角处，然后从上到下用抹布擦拭，最后用旧报纸反复擦拭干净。

5．清洁窗框窗槽

先用小毛刷清除遗留在窗台、窗槽部位的灰尘，如图 3—7 所示，然后用抹布擦净水迹，安上纱窗。

图 3—7　用小毛刷清除灰尘

提　示

1．清洁门窗时要把饰品、花盆等先行移开，清洁后依次归位。

2．冬季不要用热水擦拭玻璃，以免玻璃突然遇热爆裂。

3．家政服务员不宜擦洗高层住宅玻璃外窗，如需要应与客户商议请受过专业培训的保洁员清洁。

四、清洁卧室、书房、客厅

1．清洁卧室

卧室清洁的内容及其相应的清洁要求见表 3—7。

表 3—7　　卧室清洁一览表

内容	操作要求
物品归类	衣物：把睡衣、拖鞋和准备洗涤的衣物分别放在客户习惯或指定的位置 台面：把梳妆台、卧室柜、床头柜上的物品按使用功能归回原位 清理时发现贵重物品要提醒客户收好
整理床铺	床被：将需要叠好的床被折叠整齐后放入卧室柜，需要铺开的床被四面对称铺平 枕头：按客户的生活习惯与要求，整齐摆放在床头或放入卧室柜 床罩：将床罩铺开，四面对称铺平 用床刷将散落在床上的毛发等清扫干净，特别注意枕边处、床头与床垫的接合处
清洁其他物品	床头板、穿衣镜等：先用湿布后用干布擦拭 衣柜：将衣柜外表从上到下、从里到外用抹布擦拭干净 擦拭时避免湿布沾污墙壁，影响美观 整理完后再检查一遍各处是否干净、平整，对不符合要求之处再作相应整理
地面清洁	根据地面材质，按要求清洁地面

提　示

1．卧室是客户的私密空间，清洁与否、清洁范围及清洁的具体要求等应事先征询客户意见。

2．如卧室有人，应先敲门，征得同意后方可进入。

3．卧室整理完毕要关上窗户，出来时要随手关门。

4．室内通风不畅时，经常有怪味，可在灯泡上滴几滴香水或花露水，它们遇热后会慢慢散发出香味，达到去除异味的目的。

案例与点评

刘大姐是一名家政服务员。厚道的人品和认真的工作态度赢得了客户的好评。春节前，她在客户家打扫卫生，当清扫到卧室床底时，突然发现一枚铂金钻戒。当时现场只有刘大姐一人，她立即来到其他房间，将钻戒交到客户手中。客户在片刻愣神之后，才异常激动地接过钻戒。原来，这是她的结婚信物，自己也记不起怎么弄丢、丢在哪里了，找了很长时间也没找到，心中很是纠结。看着手中的钻戒，客户对刘大姐倍加称赞。

【点评】家政服务员在付出劳动、获得报酬的同时，也在不断展现着自己的职业道德。进行家居保洁，偶尔发现客户丢失已久的贵重物件，这不足为奇。本案例中，服务员刘大姐面对客户遗失的贵重物品，在清洁现场无他人、客户又对钻戒丢失地点不确定的情况下，坚定地将捡到的钻戒交给客户，刘大姐用行动诠释了家政服务员良好的职业道德，赢得的是客户的倍加信任。

2．清洁书房

书房清洁的主要内容及其相应的清洁要求见表 3—8。

表 3—8　　书房清洁一览表

内容	操作要求
字画	根据不同质地分别用鸡毛掸或软布轻轻拂去表面灰尘，不可用湿布或蘸化学制剂擦拭，以防损坏作品
书橱	用抹布将表面擦拭干净
电脑	关机后才可清洁，以防信息丢失 用软布或软刷清扫灰尘，可蘸酒精擦拭后用干布擦干 鼠标表面的灰尘用软布擦拭或用专门清洁剂擦拭，严禁用水擦洗
写字台	在征得客户同意的前提下，家政服务员才可整理台面上的文件、纸张，整理时切记用鸡毛掸掸扫写字台、椅子等表面的浮尘，然后用抹布擦拭干净，将台历翻到当天日期，擦拭高级台面时，避免尖锐物品划伤台面

续表

内容	操作要求
其他物品	台灯：先关闭电源，再用软布擦去表面尘土，油渍处可蘸清洁剂或醋擦拭，灯口处要保持干燥 工艺品：对于玻璃制品或陶瓷制品，可直接用湿抹布擦拭，小物件可直接用水冲洗，然后用干抹布擦净，切记轻拿轻放，以防损坏 金属饰品：一般用软布擦去灰尘。如果特别脏，可用湿布蘸少量洗涤剂擦拭；如果有锈迹，在征得客户同意的前提下，可用细砂纸轻轻磨去锈迹再进行清洗
地面	根据地面材质，按要求将地面清理干净

提　示

使用抹布前先将其对折，再对折，使用面积为原面积的 1/4，先用第一个 1/4 面擦，污染后再用其他面擦，直到几个面都用完。使用中手掌中的一面永远是干净的，避免手掌接触污渍。

案例与点评

家政服务员张姐入户服务时间不长，一次整理书房时，偌大的写字台上摆满了书籍、文件。她在擦拭台面时，没有将台面上的物品拿起来，而是用手将文件、书籍来回推拉，结果文件上的书钉将写字台的漆面划伤。这是一个高档写字台，要送到生产厂家进行维护才能去除划痕，而且费用不菲。为此，张姐赔了几千元。

【点评】家政服务是一项责任心很强的工作，每一步操作都要按要领实施，来不得丝毫大意。否则，就可能像案例中的服务员张姐那样，虽然付出了劳动，却收不到应有的效果，不仅客户不满意，自己也受到损失。

3. 清洁客厅

通常客厅中的家具、物品较多，家政服务员除清洁门窗、地面等基本设施外，还应将沙发、座椅、茶几、电视机、电话机、空调机等擦拭干净。沙发、座椅的清洁应区分不同的材质，采用不同的清洁方法，见表 3—9；清洁茶几的同时，要注意将茶几上的茶具清洁干净，若茶具内茶渍较重，可挤少量牙膏在茶具上面，用手或棉棒均匀地涂在茶具表面，约 15 分钟后用水冲洗干净；清洁电视机等电器之前，应切断电源；清洁电话机时，应用酒精棉球擦拭听筒和受话器，予以消毒；对于空调机，每周应擦拭 1 ～ 2 次，防止通风时尘土飞扬。

表 3—9　　沙发、座椅的清洁

类别	操作要求
木质类	用湿抹布擦拭即可
皮革类	用鸡毛掸子掸掉灰尘或用潮湿的软布擦拭，定期用专用的皮革清洗剂进行擦拭保养
布艺类	平时用吸尘器除尘保洁，可建议客户定期请专业人员清洗

提　示

1. 沙发靠垫与沙发坐垫间的缝隙内往往容易存有脏物，可用吸尘器清理。

2. 空调机进风口和空气过滤网灰尘过多会减弱气流，降低空调制冷（热）效果，而且容易污染环境，要经常清洗，水洗后要晾干。

3. 门把手上的污渍用橡皮擦拭即可。

五、清洁厨房、卫生间及附属设施

1. 清洁厨房

厨房清洁的主要内容是清洁厨房设施以及餐具、灶具等，要自上而下地进行，其步骤为：顶部→墙面→吊柜→抽油烟机→灶具→灶台→冰箱→橱柜→餐具→厨具→水池→卫生死角→地面→垃圾处理。清洁要点如下：

（1）对各设施表面油污较多的地方，可用软毛刷或抹布蘸稀释后的洗涤剂或除油剂擦洗，然后再用抹布蘸清水擦净；餐具、厨具等要用专用的洗洁精清洗，然后用清水冲洗干净。

（2）清洁厨房天花板时，应自边角向中央进行；清洁墙面时，应自上而下进行。

（3）抽油烟机和灶具表面油渍最多，每次做饭后要及时擦拭，以免时间长了，油腻越积越多，不易清洗。

（4）清洁餐具时应先洗刷不带油的后洗刷带油的，先洗小件的后洗大件的，先洗碗筷后洗锅盆；儿童、老人及病人用的餐具应单独洗涤、码放。餐具存放一周以上，用时要重新清洗。

（5）刀具使用后要冲洗干净，然后用百洁布擦干，放好。刀生锈后可将其浸在淘米水中一段时间，然后擦净，即可除锈；长期不用的刀，在其表面涂上一层油，可防生锈。

（6）案板每次刷洗后要置于通风处晾干，以免滋生霉菌。将案板浸在淘米水中，加盐擦洗，然后用热水冲净，可清除案板异味。

（7）清洁油污严重的锅盖，可在锅内放少许水，将锅盖翻盖在锅上，把水烧开，让蒸汽熏蒸锅盖，待油垢发白柔软时，用软布擦拭即可。

（8）炒菜锅应在用完后趁热洗，饭锅内先用水浸泡几分钟后再洗。生锈的铁锅，可用食醋擦拭；清洗铝锅时用水加小苏打浸泡一会儿，可去除水垢或焦煳迹等；清洗不锈钢锅时，可用百洁布蘸食醋擦洗，切忌使用钢丝球或其他硬质物擦洗；对于不粘锅上的顽固污迹，可用热水加洗洁精浸泡，用海绵清洗，不可使用粗糙的砂布或金属球大力擦洗，以免破坏涂层。

（9）清洁不锈钢水池，可用海绵蘸洗涤剂或用抹布蘸氨水擦拭，然后用水冲净；陶瓷水池表面易产生黄色污迹，可在碗中放入食醋，加入适量食盐，隔水加热，然后涂抹在有污渍的地方，30 ~ 50 分钟后用布擦除。

（10）对于地面上的严重油污，可用食用醋浸泡一会儿，然后用旧布或旧报纸擦净。

提　示

油污玻璃的清理：厨房里的玻璃常常被油烟熏黑，不宜清洗。可用抹布蘸些温热的食醋擦拭，也可用抹布蘸洗洁精、米汤或面汤去除油污，或在玻璃上先涂一层石灰水，水干后用布擦拭。

2．清洁卫生间

清洁卫生间同样应按照自上而下的顺序进行，而且要经常清洁，定期消毒，保持卫生间干净、无异味。

（1）卫生间的面盆、浴盆、墩布池等多为白色的陶瓷制品，清洁时，可用去污粉兑少许水擦洗，定期用消毒液消毒 5 ~ 10 分钟，再用清水冲洗干净即可。

（2）清洗坐便器、便池等，可在冲水后将洁厕灵喷入便池内壁，再用刷子刷洗，最后用清水冲刷干净。坐便器的坐板和盖板可用喷壶喷涂消毒剂，然后用水冲洗，用干毛巾擦干。

（3）清洁镜面时，可用抹布蘸稀释后的玻璃清洗剂，自上而下反复擦洗，再用清水擦洗，最后用刮水器自上而下刮干水分，或用干毛巾擦干水分，如图 3—8 所示。也可在凉茶水或温水中加少许增白剂，用抹布蘸着擦拭，最后用揉皱的旧报纸擦干净。擦拭镜面的过程中，要避免水从镜子边缘渗入而损坏境面质量。

图 3—8　清洁镜面

（4）清洁卫生间的过程中，应及时将各部位的物品，如洗脸巾、浴巾、洗发水、沐浴液、各类化妆品等依客户习惯归位放置整齐。

提　示

1．卫生间要经常通风、防臭、防霉、防异味。

2．登高擦拭时要注意安全，以免摔伤。

3．将香水或风油精滴在小块海绵或棉球上，用绳子系挂在卫生间门上，可除臭、除味。

六、清理卫生死角

家庭中每个房间都存在卫生死角，家政服务员要留意死角的部位，掌握清理的方法，做到心细、到位、彻底、无遗漏。

1. 沙发下面、有较大空隙家具下面、暖气罩内及大型家电下面，应先用小型吸尘器吸尘，然后用拖布伸到里面反复擦拭。

2. 卧室柜、大衣柜的顶部，装饰画、博古架、古玩柜、画柜、窗帘盒、镜子、门框的上沿等部位，要先用鸡毛掸子轻轻掸去浮尘，再用潮湿毛巾擦拭干净。

3. 房屋的边角在冬春两季容易滋生塔灰（蜘蛛网），可用鸡毛掸子经常轻掸这些部位，或用旧毛巾包裹扫帚头轻拂，如图 3—9 所示。

4. 灶台的底部容易积攒油垢、油污，日常保洁中要用抹布蘸有除油性能的碱性清洁剂擦拭。

5. 污水池、坐便器周边最容易积存污垢，日常保洁时一定要用除渍剂重点清理，然后用湿抹布擦净，如图 3—10 所示。

6. 地漏和下水口要经常清理，以免被头发、菜屑等异物堵塞，如图 3—11 所示。

图 3—9　清洁房屋边角

图 3—10　清洁座便器周边

图 3—11　清洁地漏

提　示

清扫污物、灰尘时，扫帚要轻拿轻放，用手压住扫帚把依次清扫，避免尘土飞扬或遗漏污物；用鸡毛掸子掸灰时，应尽量贴着被清扫的表面轻轻拂拭，不使灰尘扬起。将旧丝袜套在扫帚头上或用旧毛巾包裹在扫帚头上，扫地时可充分吸附灰尘和头发。

七、清洁家具

1．常见家具分类

现在，市场上的家具种类繁多，家庭中常见的家具种类主要有：

（1）木制家具。木制家具一般怕潮、怕烫、怕磕碰，清洁时要注意方法和技巧。

（2）金属类家具。金属类家具应防潮、防碰、防锈。

（3）聚氨酯类家具。聚氨酯类家具的漆膜具有较好的耐高温性和耐腐蚀性。

（4）竹藤类家具。竹藤类家具忌受潮，否则容易弯曲裂开，切勿让藤椅脚与潮湿的地面接触；藤类家具怕高温，不能暴晒，也不要将高温的吹风机、电熨斗等直接放置上面，不要使其接触和靠近火源、热源。

2．家具的清洁方法

家具的清洁方法可分为干擦和湿擦两种。干擦就是用干软布擦拭；湿擦就是用浸湿的干净抹布擦拭。一般家具都可以先用干净的湿抹布轻轻擦拭，再用干抹布擦净；油污较多的餐桌或其他家具，可先用干净的湿抹布蘸清洁剂擦拭，再用干净的抹布擦干。

清洁家具的顺序要掌握“六先”和“六后”，即：先高处后低处，先上部后下部，先里边后外边，先桌面后桌腿，先大件家具后小件家具，先较干净处后较脏处。如有摆放的饰品，应先擦拭后摆放。

清洁家具时要经常换水，抹布要经常洗涤，保持清洁；不同用途的抹布不能混放，要分开使用，以免交叉污染。

（1）木制家具的清洁（保养）（见表 3—10）。

表 3—10　木制家具的清洁（保养）

把握重点	清洁（保养）方法
去油污	用抹布蘸茶水擦拭木家具表面油污，也可将玉米粉洒在油污处，用干布反复擦拭
去水渍	将湿布盖在水渍上，用温热的熨斗小心地按压湿布数次，直至水渍中的水分蒸发出来
去烫痕	家具表面出现的白色烫斑一般只要及时擦抹就会除去。若烫痕过深，可用抹布蘸碘酒、酒精、花露水、煤油、茶水擦拭，或在烫痕上涂上凡士林，两天后用软布擦拭
防虫蛀	1. 将卫生球或樟脑球放在木制家具中，可以免除蛀虫对家具的咬噬 2. 如发现家具被虫蛀蚀，可将大蒜削成棒状塞进蛀孔，用腻子封口，将洞内蛀虫杀灭
保光泽	1. 经常用蘸有花露水的纱布轻轻擦拭家具表面，光泽暗淡的家具会焕然一新 2. 用抹布蘸浸泡鲜蛋壳的水擦拭家具，会增加光泽 3. 用抹布蘸淘米水擦洗木制家具，再用干布轻轻擦干，家具表面会光亮如新

提　示

1. 木制家具内油漆味过重，可把煮开的牛奶倒在杯子里，放在家具内关紧家具门，过 3 ～ 5 小时，油漆味便可消除。

2. 避免用碱水、开水刷洗家具，以防家具变色、变形。

（2）金属类家具的清洁（保养）（见表 3—11）。

表 3—11　金属类家具的清洁（保养）

把握重点	清洁（保养）方法
防潮	用潮湿、干净的软布擦去表面灰尘，如上面有水迹，及时擦干，最好不要用水冲洗
防碰	清洁时不要碰撞硬物，更不要用钢丝球等擦洗，以免漆皮脱落
除锈	1. 锈蚀不严重时，可用少量食用醋涂抹，再用软布蘸温水擦拭。不可用砂纸等摩擦，更不能用刀刮 2. 用软木塞蘸食盐水或石蜡溶液擦拭，再用软布蘸温水擦拭 3. 镀铬的金属家具经常用干纱布蘸少许防锈油或缝纫机油擦拭，可保持家具表面光亮如新

提 示

所有的金属家具都要安放在干燥处。新买的钢制家具每天用干棉纱擦拭，可长久保持不锈。镀铬的金属家具不宜放置在煤气灶附近以防止煤气腐蚀镀铬层，镀铬部分切勿触及酸碱等腐蚀性液体，防止氧化生锈。

（3）聚氨酯类家具的清洁。用软布或鸡毛掸子掸去灰尘，并经常用上光蜡涂擦。须注意的是，打蜡的表面不宜用水揩擦，以免除去蜡质，减少漆面的光亮度。

（4）竹藤类家具的清洁。用抹布蘸淡食盐水擦拭藤制家具用品，既能去污，又能使其柔韧性保持长久不衰，还有一定的防脆折、防虫蛀作用；日常表面灰尘可用柔软湿布擦拭，缝隙间的灰尘用小毛刷或吸尘器清理，不可使用清洁剂或其他化学制剂擦拭，也不宜直接暴露在阳光下，以免失去弹性和光泽。清洁竹制家具时用湿布擦拭，污渍严重的用湿布蘸清洁剂擦拭，再蘸清水擦净后用干布擦干或置于通风处晾干。

提 示

藤制品长时间使用后，会逐渐变成米黄色或更深色，如想恢复米色，可用草酸来漂白。

在白色的藤制家具表面涂上一层蜡，可起到保护作用。

八、清洁灯具

1. 灯泡、灯管平时可用干布擦拭。

2. 如灯泡、灯管上有污垢，可将其取下来，用抹布蘸洗涤剂或酒精擦拭；如果被油烟熏黑，可用抹布蘸些温热的食醋或剩茶叶水擦拭。

3. 灯罩可取下来直接用水冲擦晾干，油污处可用抹布蘸相应的洗涤剂擦拭，然后用清水冲洗干净。

提　示

擦拭灯具前要切断电源，擦拭灯泡、灯管时要用干布并使灯泡的金属片保持干燥。

思考与练习

1. 清洁的基本程序和基本要领是什么？
2. 木质家具清洁保养的重点和方法是什么？
3. 如何清洁玻璃（陶瓷）器皿？

综合训练

1. 某家庭，两个小孩玩耍时将盛有碳酸饮料的杯子打翻，弄得实木地板、红木家具还有壁布上到处都是，你作为这个家庭的家政服务员，应如何做好清理及各类物品的保养工作。

2. 某家庭，客户在找东西时不慎将一玻璃花瓶碰倒，碎玻璃溅了一地，不仅大理石地板上有，连茶几下面的纯毛地毯上也有，你作为这个家庭的家政服务员，应如何清理这些碎玻璃。

4 第四章　衣物洗涤与整理

根据客户需要，针对不同衣物面料的特点，科学地进行衣物的洗涤、晾晒、整理和收藏，是从事家政服务工作必须具备的又一项基本技能。

第一节 洗 涤 衣 物

一、洗涤前的准备

1．区分衣物

（1）内衣与外衣要分开。

（2）成人与小孩的衣物要分开。

（3）病人与健康人的衣物要分开。

（4）家政服务员与客户的衣物要分开。

（5）不同颜色、不同质地的衣物要分开。

2．辨别衣物面料

常见衣物面料的种类如图 4—1 所示，不同的面料具有不同的特点，应采用不同的洗涤（保养）方法。皮革通常用皮革专用油来保养，不能洗涤。对于需洗涤的纺织纤维类衣物，家政服务员应掌握其面料的鉴别方法，见表 4—1。

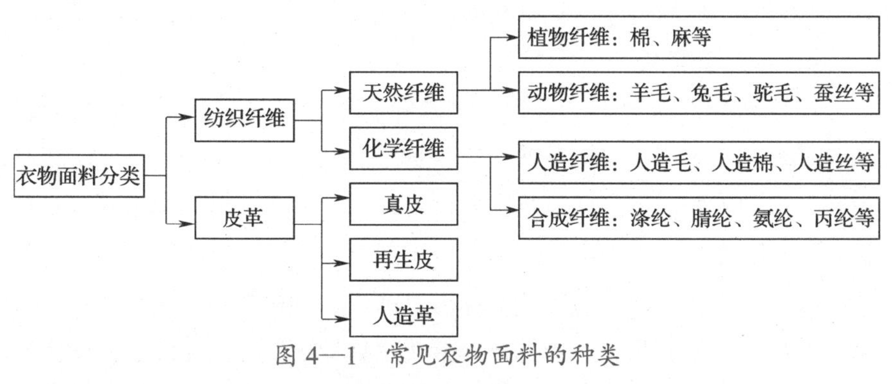

图 4—1 常见衣物面料的种类

表 4—1 鉴别衣物面料的基本方法

基本方法		说明
看	查看其标识牌、标签，观其色泽、质地。正规厂家生产的衣物一般有专门标明其成分类别的标志牌	棉纤维衣物色泽柔和；混纺、化纤衣物色泽发亮，颜色刺目；真丝制品光泽柔和、均匀；毛纤维衣物色泽柔和，纹路清晰，明亮光滑

续表

基本方法		说明
摸	用手触摸其质感、厚薄等	棉纤维衣物厚实柔软，弹性差；麻纤维衣物粗糙发硬，易起皱褶；毛纤维衣物分量重，起皱后能自行恢复；真丝制品摸上去柔软滑爽，拿起来沉甸甸的；化纤衣物轻飘、皱褶明显，弹性差；氨纶等纤维衣物弹性好；毛涤制品攥在手里发硬，弹性较差
烧、闻	通过燃烧不同纤维材料衣物上的摘取物，看燃烧后的形状，闻燃烧后的气味	从不同面料的衣物上扯下一小段线头点燃，植物纤维燃烧后灰烬呈粉末状，无异味；动物纤维尤其是羊毛、兔毛制品燃烧后可闻到动物的体味，灰烬凝结在一起，用手一捻即碎；化学纤维燃烧后会发出淡淡的臭味，灰烬凝结发硬，不易捻碎

3．检查衣服表面及口袋

（1）检查衣服表面是否有特殊污垢，如有应在洗涤前处理，如衣物上染有其他色泽，应及时向客户说明。

（2）检查衣服口袋中是否有钱币、首饰、票据等，如有要取出并及时告知客户，然后抖净口袋里的烟末、碎屑等。

4．选择洗涤方法

（1）辨清洗涤标识。衣物的洗涤标识通常由文字和图形两部分组成，见表4—2，也有的衣物采用中文和外文两种洗涤标识。文字尽管有差异，但图形相对一致，家政服务员可以通过这些图形来判断所洗衣物适合哪种洗涤方式。

（2）征询客户意见。哪些衣物可以水洗，哪些需要干洗；哪些衣物必须手洗，哪些衣物适宜机洗，包括使用哪种类型的洗涤用品，如何操作不同类型的洗衣机等，家政服务员都要虚心向客户请教，征询客户意见，千万不要自作主张，以免给工作带来被动。尤其是特殊衣物，如价格昂贵的服饰、材质复杂的衣物、娇贵的织品、附带饰品和挂件的衣物等，都有相应的洗涤方法和要求，一定要事先向客户询问清楚，不可鲁莽从事，避免因洗涤不当给客户造成损失或出现服务纠纷。

表 4—2　　　　　　　　　常见洗涤标识

标识符号	说明	标识符号	说明
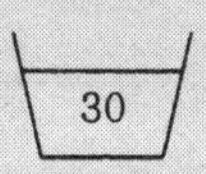 30	可以水洗，30 表示洗涤水温 30℃，	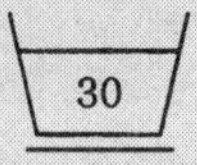 30	可以用 30℃水洗
	只能用手洗，勿用洗衣机	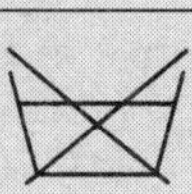	不可用水洗涤
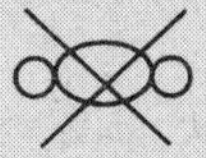	洗后不可拧绞	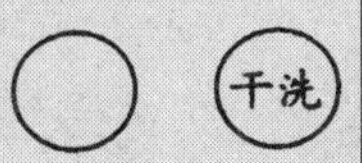 干洗	可以干洗（常规干洗）
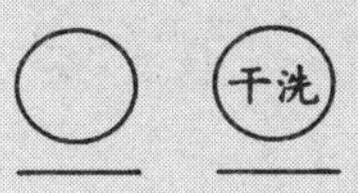 干洗	可以干洗（缓和干洗）	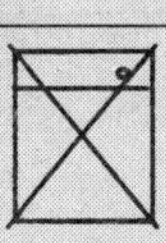	切勿用洗衣机洗涤
 Cl	可以使用含氯的漂白剂	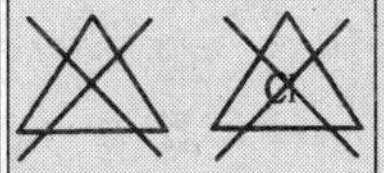 Cl	不得用含氯的漂白剂
	不可干洗	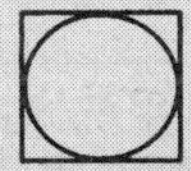	可转笼翻转干燥
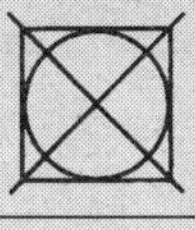	不可转笼翻转干燥	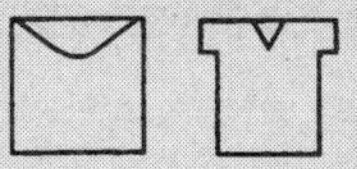	可以晾干
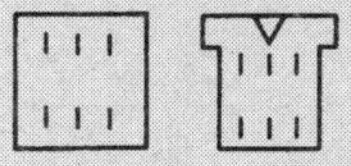	洗涤后滴干	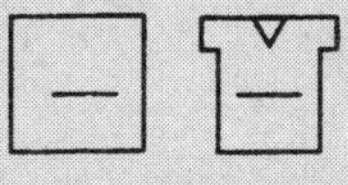	洗后将服装铺平晾干
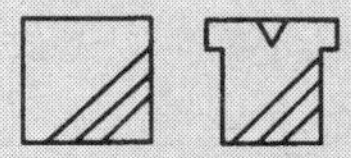	洗后阴干，不得晾晒	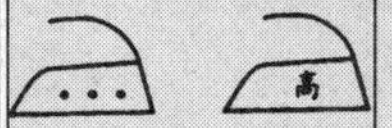 高	可用高温熨斗熨烫（熨斗温度可达到 200℃）
 中	可用熨斗熨烫（熨斗温度可达到 150℃）	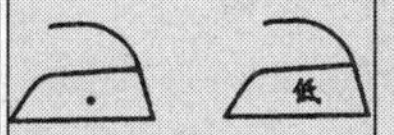 低	可用低温熨斗熨烫（熨斗温度最高为 100℃左右）
	可用熨斗熨烫，但须垫烫布		用蒸汽熨斗熨烫
	切勿用熨斗熨烫		

案例与点评

家政服务员小王在客户家工作时勤劳肯干，不惜力气。一次在洗涤衣物时，将客户一件不宜水洗的毛料上衣放在洗衣机中洗涤，结果洗涤后衣服缩水严重变形，客户要求赔偿损失，最终小王赔付了1 500元。

【点评】之所以发生这种事情，原因在于小王缺乏与客户沟通，没有问清情况，也没有按要领分辨衣服的面料，不看洗涤标识。所以，家政服务员入户后，一定要善于同客户沟通，不仅要“能干”，更要“会干”。操作前要先回顾一下有关要领，向客户请教，问清客户要求，不能凭着“想当然”而急于操作。

5．选配洗涤用品

不同面料的衣物由于其性能的差异，与不同的洗涤用品相混会产生不同的效果。洗涤用品种类繁多，成分、性能各异，见表4—3，家政服务员必须多加了解，正确选用，才能取得理想的洗涤效果。

表4—3　　常用洗涤用品的种类及特点

洗涤用品	特　　点
肥皂	呈碱性，固体，有块状、粉末状之分。块状的为肥皂，粉末状的为皂粉。肥皂去污力强，泡沫少，易漂洗。适宜洗涤棉、麻及混纺服装、床上用品和毛巾等
洗衣粉	分为碱性、中性多种，逐渐由普通型向特殊用途和专用化方向发展。固体，呈粉末状，具有泡沫丰富、去污均匀等优点 高泡洗衣粉：去污力强，适合洗涤麻、丝、毛、化纤衣物，更是手洗的理想用品 中泡洗衣粉：泡沫少，容易漂洗干净，适合洗涤各种纤维衣物，手洗、机洗均可 低泡洗衣粉：泡沫少，容易漂洗干净，适合洗涤各种纤维衣物，适宜机洗 加酶洗衣粉：除油渍、血渍、奶渍、汗渍等效果较好，机洗、手洗均可 无磷洗衣粉：去除了对环境产生污染的有害成分，是一种环保型的洗涤剂，手洗、机洗均可 含增白剂、荧光粉、漂白剂的洗衣粉：洗涤浅色衣物效果较好，手洗、机洗均可

续表

洗涤用品	特　点
洗涤剂	分为普通洗涤剂和特殊用途的洗涤剂。适宜洗棉、麻、丝、羊毛、合成纤维等衣物。使用方法简单，易于溶解，只要其溶液不混浊、不分层、无沉淀，就和洗衣粉的作用一样，手洗、机洗均可 羊毛衫洗涤剂：适宜洗羊毛衫、毛料织物、丝织物，但不能与洗衣粉、肥皂或其他洗涤剂混合使用 衣领净：用于洗涤衣服的特殊部位，如衣领、袖等
柔顺剂	在最后一遍漂洗衣物时，倒入柔顺剂，可使衣物柔顺，防止产生静电和变形，衣物洗涤后手感舒适、蓬松，有光泽

二、洗涤方法

洗涤方法要根据衣物的面料、质地和洗涤标识要求而定。一般来说，可水洗的衣物在洗涤前应稍加浸泡，这样更易洗涤干净，具体洗涤温度和浸泡时间见表 4—4。

表 4—4　各类纺织纤维衣物洗涤温度和浸泡时间

衣物种类		洗涤温度（℃）	浸泡时间（分钟）
棉	白色、浅色	50 ~ 60	30
	印花、深色	45 ~ 50	20 ~ 30（被里 4 小时以上）
麻	一般织物	40	30
丝	素色、本色	40	5
	印花交织	35	随浸随洗
	绣花、改染	微温或冷水	随浸随洗
毛料	一般织物	40	5 ~ 20
	拉毛织物	微温	随浸随洗
	改染	微温	随浸随洗
化学纤维	涤纶混纺	40 ~ 50	15
	锦纶混纺	30 ~ 40	15
	腈纶混纺	30 左右	15
	维纶混纺	微温或冷水	15

1．手洗

（1）手洗衣物的范围及洗涤用品的选择。毛料衣物、丝（麻）织品、人造棉、人造毛、人造丝、羽绒制品、沾有汽油的衣物等衣物适宜手洗。另外，对于可机洗的衣物，如果领口、袖口、被头等部位沾污严重，可先用手洗再用机洗。洗涤棉麻、合成纤维类衣物时，可选择使用中、高泡洗衣粉、碱性液体洗涤剂或肥皂；洗涤丝毛类衣物时，可选择中性液体洗涤剂或皂片。

提　示

沾有汽油的衣物绝对不能在洗衣机内洗涤。因为汽油易燃、易爆，不但油污扩散后会污染、腐蚀洗衣机，还有可能因洗衣机运转中出现打火现象而引起爆炸。

（2）手洗衣物的要求及基本方法。

一是勤洗勤换。对于手洗衣物应建议客户勤换衣服，久穿不换会降低穿用效果，增加洗涤难度。

二是对领口、袖口等容易脏的地方可先用衣领净涂抹。

三是根据衣物的面料，参考表 4—4，合理浸泡，但不可浸泡时间过长。用衣领净等处理过的衣物应至少等待 5 分钟后再浸泡。

四是冲洗干净。洗涤后要反复用清水将衣物漂洗干净。

常见的衣物洗涤手法有搓洗、刷洗、拎洗、揉洗四种，其操作方法见表 4—5。

表 4—5　　手洗衣物的方法

洗涤手法	具体操作	图示
搓洗	一是双手抓住衣物，上下来回摩擦，根据衣物的面料、脏净程度适当用力 二是把衣物放在搓板上上下摩擦，直至把污渍洗掉	

续表

洗涤手法	具体操作	图示
刷洗	将衣物铺平，用刷子在污渍严重的部位来回刷洗，直至把污渍刷洗掉，适用于洗涤较脏的衬衣领子和牛仔服	
拎洗	在盆内放适量清水，加入洗涤剂，把脏衣服放入水中浸透，然后抓住衣物的上端，从盆内拎起再放入，反复数次后以同样的动作用清水冲洗干净，适用于洗涤容易扒丝的丝绸类衣物，尤其是绢丝衣物	
揉洗	像揉面团一样在盆中揉搓衣物，双手反复抓捏衣物，直至把污渍洗掉，然后用清水揉洗干净，适用于洗涤羊毛衫、围巾等纯毛针织品	

（3）不同面料衣物的洗涤要求。

1）毛料衣服的洗涤要求。纯毛衣服的面料一般是羊毛纤维，具有缩溶性、可塑性，洗涤时要特别注意：

• 洗涤水温不宜过高，以 30 ~ 40℃为宜。如果水温过高，会出现褶痕且不易烫平。

• 选择适宜的洗涤剂。羊毛耐酸不耐碱，要用弱碱性或者中性洗涤剂，不能直接用肥皂或洗衣粉洗涤。

• 洗涤时间不宜过长。浸泡和洗涤时间过长，会导致毛纤维咬在一起，导致织物缩水变形。尤其是织物松散的羊毛衫、围巾等，最容易导致缩水变形，甚至无法穿用。

●晾晒方法必须得当。洗好后的衣物不要拧绞，不要在阳光下暴晒，宜将其反面向外放在阴凉通风处，自然晾干。

提　示

纯毛衣物洗涤后不要抓着一小部分提出，而要用手整个托着取出，以免损坏面料的组织结构，使衣物变形。

2）丝绸制品的洗涤要求。洗涤丝绸制品时要注意：

●水温不宜过高。水温过高会使丝绸制品严重退色。最好用冷水洗涤，且在冷水中浸泡的时间不宜过长，应随浸随洗。

●洗涤动作要轻。不宜使用搓板搓洗，用力不要过猛，切忌拧绞。

●防止太阳直晒。各类丝绸制品均不宜在阳光下暴晒，应置于阴凉通风干燥处晾干。高级丝绸制品最好干洗。

提　示

丝织品在投洗过3～4次清水后，最好放入含有酸的冷水内（可滴点醋酸或白醋）浸泡投洗2～3分钟，这样处理既可中和衣服内残存的皂碱液，又能保持衣服的光泽，对织物有一定的保护作用。

3）亚麻类衣物的洗涤要求。洗涤亚麻类衣物时要做到：

●控制水温。水温应控制在40℃以内。

●动作轻柔。选用优质洗涤液，采用“拎洗”或“揉洗”的方式洗涤，忌在搓板上揉搓，也不能用硬毛刷刷洗。

●漂洗干净。漂洗时先用温水漂洗两次，再用冷水漂洗一次（漂洗时不要拧绞），然后甩干并及时晾起。

4）人造纤维类衣物的洗涤要求。洗涤人造毛、人造棉、人造丝等人造纤维类衣物时要做到：

●控制水温。水温以30 ~ 40℃为宜。洗净后先用温水漂洗两次，再用冷水漂洗一次。

●动作轻柔。人造棉和人造丝类衣物可用手轻轻搓洗或揉洗，人造毛类衣物下水后纤维膨胀变粗，质地变厚发硬，污垢和纤维结合牢固，适宜刷洗。

5）羽绒服的洗涤。羽绒服的洗涤有四忌：一忌碱性物；二忌用洗衣机搅动或用手揉搓；三忌拧绞；四忌火烤。避开以上“四忌”，可根据衣服脏污程度参照以下洗涤步骤和方法处理，如图 4—2 所示。

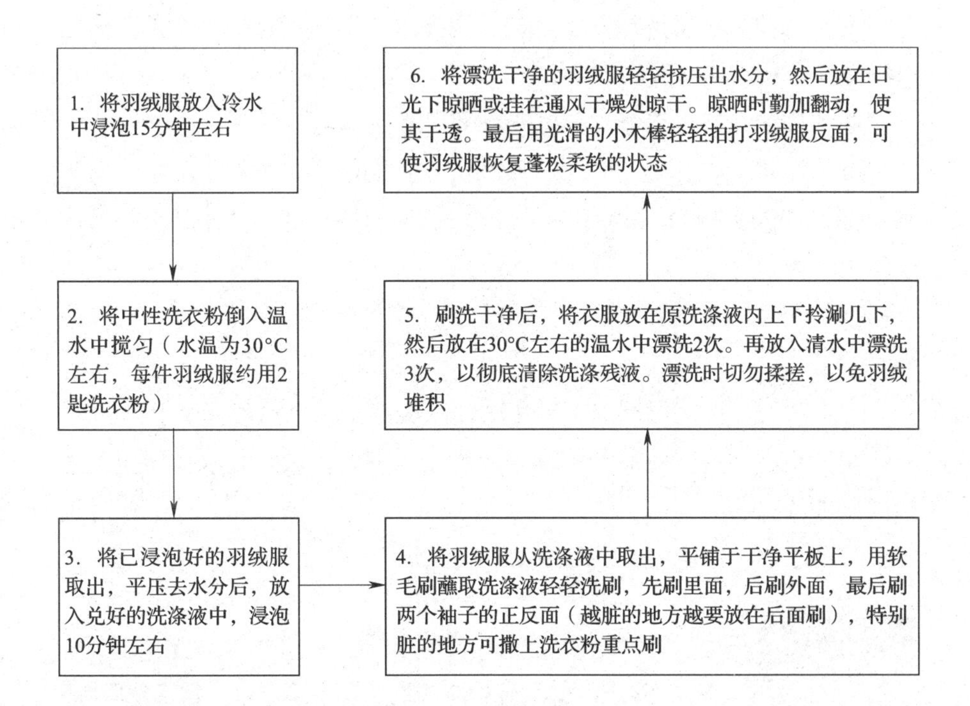

图 4—2 羽绒服洗涤步骤和方法

如果羽绒服不太脏，尽量不要水洗，可用毛巾蘸汽油或干洗剂在衣服领口、袖口、前襟处轻轻擦拭，去除油污后，再用汽油或干洗剂重新擦拭一遍，待汽油或干洗剂挥发干净后即可穿用。

提　示

羽绒被一般不直接水洗。只要不是很脏就不要全面清洗，某一部位脏了，可使用高浓度酒精、干洗剂或汽油擦洗，然后自然晾干便可。若羽绒被已很脏，可参照羽绒服的清洗方法洗涤。使用羽绒被时一定要套上被罩。

2．机洗

家庭中使用的洗衣机可分为两大类：一类是全自动洗衣机，另一类是半自动洗衣机（有关知识可参照本教材第五章第二节洗衣机的部分内容）。

用全自动洗衣机洗涤时，可按“洗涤菜单”进行操作，根据不同的衣物选择合适的洗涤程序即可。

用半自动洗衣机洗涤时，可按以下程序操作：

（1）注水。根据洗涤衣物的数量，向洗衣机水桶内注入相应的水（要在机器规定的上下限水位内），放入适量的洗涤剂，洗涤剂溶解后放入所洗衣物。

（2）洗涤。根据要求选择洗涤按键。按衣物面料和脏污程度选择洗涤时间。

（3）漂洗。洗完后漂洗 2 ~ 3 次，每次 2 ~ 3 分钟，直至干净。

（4）脱水。将洗完的衣服均匀放入脱水桶内，放好脱水桶压盖，盖好桶盖进行脱水。

（5）晾晒。停机后，及时取出衣物晾干。

提　示

1．每次机洗衣物的总量不能超过洗衣机额定重量，水温不能超过50℃，更不能往洗衣机内注入开水。

2．在甩干过程中，衣物偏在一侧会导致洗衣桶自动停转，此时必须断开电源，打开机盖，把衣物调平，然后重新盖好机盖，接通电源，开通电动机，使洗衣桶再度运转。

3．去除衣物表面顽渍的方法

衣服在穿着过程中，难免会出现局部污渍较重的情况。对此，除整体洗涤外，还必须进行重点污渍的清洁处理。若处理不当，不仅会影响衣服的色泽和美观，甚至会损伤衣料，降低穿着寿命。因此，家政服务员在污渍处理前首先要正确识别污渍的种类和性质；然后根据污渍的种类和衣物的面料选择适宜的除渍用品，用正确的方法除渍，见表 4—6。

表 4—6　　衣物污渍的去除方法

污渍类别	去除方法
汗渍	汗渍是由汗液中所含的蛋白质凝固和氧化变黄形成的。洗涤汗渍时忌用热水，以防蛋白质进一步凝固 1. 一般汗渍可用 5% ~ 10% 食盐水浸泡 10 分钟，再擦上肥皂洗涤 2. 陈旧的汗渍可用氨水 10 份、食盐 1 份、水 100 份配成的混合液浸泡搓洗，然后用清水漂洗干净 3. 白色衣物表面的陈旧汗渍可用 5% 纯碱溶液去除 4. 毛线衣物的汗渍可用柠檬酸液擦拭
呕吐物	用 10% 氨水将污渍润湿、擦拭即能除去。如仍有痕迹，可用酒精加肥皂液擦拭
尿渍	1. 尿液所含成分与汗液相似，也可用食盐溶液浸泡的方法进行洗涤 2. 白色织物上的尿渍可用 10% 柠檬酸液润湿，1 小时后用水洗涤 3. 有色织物上的尿渍可用 15% ~ 20% 醋酸溶液润湿，1 小时后用水清洗干净
血渍	1. 血渍如尚未凝固，可用冷水（不能用热水）加洗衣粉或肥皂洗涤 2. 已凝固的的血渍可用 10% 氨水擦拭，再用冷水洗涤 3. 如前两种方法仍不能完全除去，可用 10% 的草酸溶液洗涤
奶渍	1. 新渍立即用冷水冲洗 2. 陈渍应先用洗涤剂洗后再用 1 : 4 的淡氨水洗 3. 如果是丝绸面料，可用四氯化碳揉搓污渍处，然后用热水漂洗 另外，把胡萝卜捣烂，拌上少许盐，也可擦掉衣服上的奶渍、血渍
果汁渍	1. 新染上的果汁可先撒些食盐，轻轻地用水润湿，然后浸在肥皂水中洗涤 2. 在果汁渍上滴几滴食醋，用手揉搓几次，再用清水洗净
巧克力渍	1. 一般先用 10% 的氨水 1 份与水 10 份混合制成稀氨水溶液，用棉球蘸取此溶液揩擦污处，直至干净 2. 浅色毛绦织品染上巧克力渍，可用棉球蘸上 35℃左右的甘油擦洗，直至去除
红药水渍	红药水是汞溴红的 2% 水溶液，呈樱红色或暗红色，汞溴红经氧化即可退色。可用洗涤剂洗涤后再用 2% 高锰酸钾液擦拭，然后用 10% 草酸液擦拭

续表

污渍类别	去除方法
碘酒渍	取维生素 C 一片，浸湿后放于污迹处擦拭，或用 60% 酒精溶液浸污迹，也可将污迹浸入 15% 的纯碱溶液中，2 小时再用水洗净
红、蓝墨水渍，红、蓝圆珠笔油渍	在污渍处涂擦 2% 的高锰酸钾液可褪色
墨汁渍	润湿后用米饭粒、薯类和洗衣粉调匀的糊状物涂在污渍处搓擦，再用水洗净
油墨渍	用汽油、松节油、四氯化碳浸泡或擦拭，最后用水清洗干净。如果还有痕迹，可用 10% 漂洗氨水或 10% 纯碱溶液擦拭
万能胶渍	可将丙酮或香蕉水滴在斑渍上（醋酸纤维织物和混纺织物忌用），然后用刷子将斑渍刷除，再用清水洗净。如有陈迹要重复擦洗几次，直至洗净为止
油漆渍	新迹可用松节油、香蕉水、苯、四氯化碳浸泡或擦拭，最后用清水清洗干净。如果还有痕迹，可用 10% 漂洗氨水或 10% 纯碱溶液擦拭
印泥油渍	用汽油润湿，然后用 10% 氨水洗，再用酒精擦拭
蜡烛油渍	先用刀片轻轻刮去衣服表面的蜡质，然后将衣服平放在桌子上，带有蜡油的一面朝上，上面放一两张吸附纸，用熨斗反复熨几下即可
铁锈渍	可用 2% 草酸溶液在（50 ~ 60℃）洗涤，然后用清水漂净。如无草酸，也可将 5 片维生素 C 碾成粉末后，撒在预先浸湿的衣服锈迹处，然后用水搓洗几次，即可除去。也可用 15% 醋酸或酒石酸溶液擦拭。如果是铁锈陈渍，可用草酸、柠檬酸的混合水溶液（10% 的草酸和柠檬酸各 1 份，加水 20 份混合），将锈渍处浸湿，然后浸入浓盐水中 1 天，再用清水漂净
霉斑	1. 如衣服上出现霉点，可用少许绿豆芽在霉点处揉搓，然后用清水漂洗，霉点即可去除 2. 对于新霉斑，先用软刷刷干净，再用酒精洗除。对于陈霉斑，先涂上淡氨水，放置一会儿，再涂上高锰酸钾溶液，接着用亚硫酸氢钠溶液处理，最后用清水洗净 3. 对于皮革衣物上的霉斑，可用毛巾蘸些肥皂水揩擦，去掉污垢后立即用清水洗净，待晾干后再涂夹克油即可 4. 对于白色丝绸衣物上的霉斑，可用 5% 的白酒擦洗，除霉效果很好

续表

污渍类别	去除方法
黄泥渍	先用生姜汁涂擦，再用清水洗涤
酱油渍	刚沾上的酱油渍，用冷水浸湿后用洗涤剂洗涤再用清水洗净即可。陈酱油渍，可按 5∶1 的比例在洗涤剂溶液中加少量氨水浸洗，也可用 2% 硼砂溶液洗涤，最后用清水洗净 注意，毛织品与丝织品不能用氨水洗涤，可用10%柠檬酸液擦拭，或者用白萝卜汁、白糖水、酒精洗净
茶渍	衣服上刚沾了茶渍，可用 70 ~ 80℃的热水搓洗。陈茶渍可用浓食盐水浸洗，或者用氨水与甘油（1 份氨水与 10 份甘油）的混合液搓洗
口香糖渍	1. 把干洗剂、四氯乙烯滴在污渍处，用小毛刷蘸清水轻轻刷洗即可去除；也可将衣服放置在冰箱内一段时间，口香糖经过冷冻变脆，用刀片轻轻刮掉即可 2. 切忌用手抠口香糖渍
口红渍	衣物沾上口红，可涂上卸妆用的卸妆膏（清面膏），水洗后再用肥皂洗，污渍就会清除
眉笔色渍	可用溶剂汽油将衣物上的污渍润湿，再用含有氨水的皂液洗除，最后用清水漂净
甲油渍	可用信纳水擦洗，当污渍基本去除后再用四氯乙烯擦洗，最后用清水漂净

提　示

洗涤污渍的药剂在家庭中很少准备，可到专业洗涤用品商店购买。必要时可将衣物送到专业的洗染店清洗。

4．晾晒

科学合理地晾晒衣物，是保持衣物良好形态、保证穿着质量的重要环节。衣物洗涤完毕，要根据衣物的面料、颜色和分类来确定衣物晾晒的方法，见表 4—7。

表 4—7　　不同衣物的晾晒方法和要求

衣物名称	晾晒方法和要求
棉麻类衣物	一般可放在阳光下直接晾晒。为避免退色，最好反面朝外。这类织物的纤维强度在日光下几乎不下降，如内衣、袜子、床单、被罩等
丝绸衣物	反面朝外，放在阴凉通风处自然晾干，严禁用火烘烤。这类衣物面料耐日光性差，阳光暴晒会造成织物退色，纤维强度下降
毛料衣物	反面朝外，放在阴凉通风处自然晾干。羊毛纤维的表面为鳞片层，外部的天然油胺薄膜赋予了羊毛纤维以柔和光泽，阳光暴晒会使表面的油胺薄膜氧化变质，影响衣物外观和使用寿命
毛衫、毛衣等针织衣物	洗涤后装入网兜挂在通风处晾干，也可搭在两个衣架上悬挂晾干，还可以平铺在其他物件上晾干。避免暴晒、烘烤，以防变形
化纤类衣物	在阴凉处晾干，不宜在日光下暴晒，否则会使面料变色发黄、纤维老化，影响面料寿命
羽绒服装	可挂起来自然脱水晾干，也可平铺在桌面上用干毛巾挤去水分晾干，要避免阳光暴晒

提　示

1. 晾晒衣物时要用手将褶皱抚平。

2. 晾晒丝、毛上衣时，要选择与衣服肩宽相匹配的衣架，晾晒时将衣服前后对齐，避免衣架两端把衣服两侧顶出鼓包，给熨烫和穿着带来不便。

三、鞋帽的洗涤

1. 鞋的洗涤

鞋的种类很多，清洁方法分可水洗和不可水洗两种。无论哪种材质的鞋子，清洁时首先要将鞋面、鞋跟和鞋底的尘土擦净，有鞋带的将鞋带抽出单独清洗。

通常皮鞋不可洗，应根据鞋面颜色选择鞋油，将鞋油均匀地轻涂在鞋面、鞋沿上，晾10分钟后再用刷子或软布反复擦拭鞋面，直到光亮为止。

对于可水洗的运动鞋、布鞋等，应首先将鞋泡在水中，然后将皂液或洗衣粉均匀地涂洒在鞋内底和鞋面上，用鞋刷按照先里后外、先上后下、先鞋面后鞋帮的顺序反复刷洗直至干净，最后用清水将整个鞋刷洗干净，沥水晾干。

提　示

如皮鞋进水，应尽快晾干，擦上鞋油，以免变形。

运动鞋应经常刷洗，避免暴晒。白色运动鞋、布鞋刷洗后在鞋面上贴上薄薄一层卫生纸晾晒，可避免晒干后鞋面出现黄斑。

擦鞋油时，在鞋油中滴一两滴醋，可使皮鞋色泽更鲜亮，用旧丝袜擦拭皮鞋，也能使皮鞋光亮。

不宜用肥皂来刷洗橡胶底运动鞋，如使用肥皂应及时冲洗干净。

2．帽子的洗涤

普通的针织帽可直接水洗或机洗；太阳帽类可以用软毛刷轻轻刷洗；呢帽可用熨烫法清洁，清洁时先用填充物品把帽子填实，取潮湿毛巾盖在帽子上，然后用熨斗轻轻熨烫。

清洁帽子时，要避免帽子变形，影响美观。

第二节　整理、收纳衣物

一、衣物的折叠摆放常识

1．衣物收藏前的准备

为保证衣物性能、形状和穿用效果不受影响，收藏衣物时须做到以下几点：

（1）更换下来的各类衣物一定要洗涤干净后再收藏。

（2）潮湿服装要晾干后再收藏。

（3）晾晒后的衣物一定要通风凉透后再收藏。

（4）烫完之后的衣服一定要挂在通风处晾一会儿，使水汽蒸发掉后再收藏。

（5）衣物要收藏在干燥处。

提　示

1. 防虫工作要在每年3～4月份进行，避免防虫药剂直接接触衣物及有机玻璃纽扣，可先用白纸包裹防虫药剂，然后再将其放入衣物整理箱或衣柜内。

2. 衣物不宜长期越季收藏，特别是我国南方客户家庭，衣物在收藏期间要经常置于通风处晾晒，同时检查有无受潮、发霉、虫蛀、污染等现象，衣物存放期间每1～2个月检查一次为好。

2．季节性衣物保管方法

衣物保管应考虑季节和温、湿度变化因素，具体方法见表4—8。

表4—8　　季节性衣物保管方法

季节	特点	保管方法
春季	气候转暖，灰尘较多	将衣物洗净后挂于通风处晾干，用衣罩套住衣服，防止沾染灰尘，并根据衣物材质采取防虫措施
夏季	天气炎热，人体出汗较多	衣物要勤洗勤晒，收藏夏衣只需洗净、晒干、烫好，无需再作特殊处理，装入塑料袋中收藏可以防潮
秋季	湿度大，潮气重，衣物容易发霉受损	穿过的衣物要洗净、晾干后再收藏，衣柜要保持干燥
冬季	冬衣厚重，太阳光照时间短	选择晴好天气洗晒衣物，干透后收藏；若居住环境潮湿，衣物容易受潮、发霉，可将生石灰用布包好后放入衣柜内除湿

3．衣物折叠摆放的原则

（1）内衣与外套要分开；居家服与外出服要分开；按照客户家的生

活习惯，各人衣物要分开。

（2）立体剪裁的服装一般凹凸不平，折叠将导致服装变形，影响穿着，如西服的肩部、男式衬衣的衣领等，适宜挂放，平面剪裁的衣服可以叠放。

（3）弹性较好的呢绒化纤类衣物可折叠存放在下方；容易起皱褶的丝绸麻类衣物尽量放在上层；容易变形走样的针织衫类衣物应小心折叠存放；容易受潮发霉的丝绸、棉质衣物要存放在塑料包装袋内放在衣柜的上方；容易被虫蛀的毛料类服装要采取防虫措施；体积大、膨胀性的羽绒类衣物要排气存放，以减少空间占用。

（4）根据季节变化，过季不穿的衣物放在高处或不易拿取的地方，应季穿用的衣物放在低处或便于拿取的地方。

二、折叠摆放衣物的方法

1．折叠衣物

（1）折叠衬衣（T 恤衫）（见图 4—3）：系上纽扣→前身朝下后背朝上抚平对正→以纽扣为中心，等距离将衣身两边向中间对折抚平→袖子折进两折向下转→下摆向上折→翻过来使衬衣正面朝上→整理抚平。

抚平对正

袖子折进两折向下转

整理抚平

图 4—3 折叠衬衣

提　示

折叠男式衬衣时要把衣领摆正，使其保持圆阔状态，便于打领结、领带，保持美观。袖口不能重叠。

（2）折叠西裤（见图 4—4）：拉上拉链、扣上扣子→从裤脚处将四条裤缝对齐→两条中线对齐→用手抚平→从裤脚至裤腰对折、再对折。

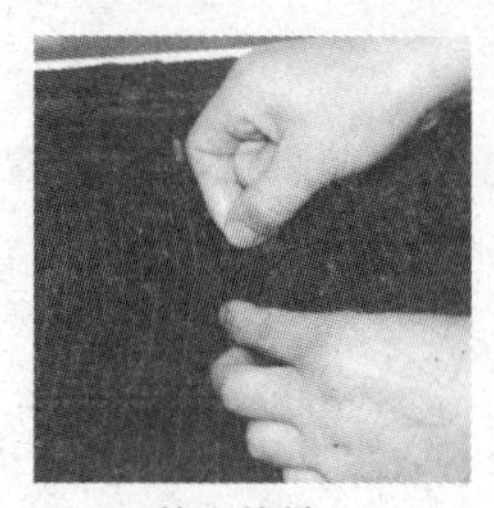

拉上拉链　　对齐裤缝　　对折、再对折

图 4—4　折叠西裤

（3）折叠无中缝的休闲裤（见图 4—5）：拉上拉链、扣上扣子→从裤裆处将两条裤腿对折、抚平→从裤腿到裤腰依次对折两次。

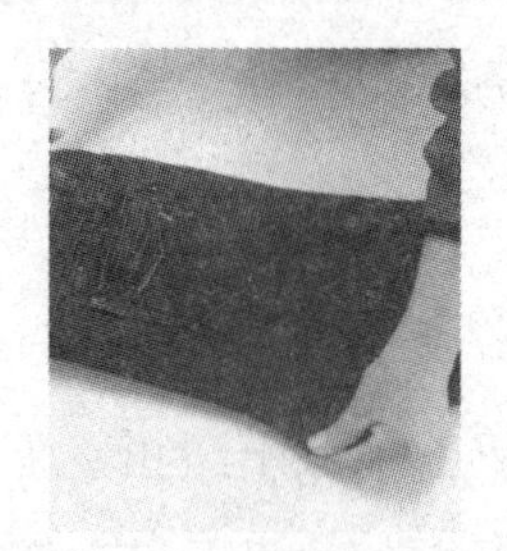

从裤裆处将两条裤腿对折、抚平　　依次对折两次

图 4—5　折叠无中缝的休闲裤

（4）折叠秋衣裤：折叠各类睡衣、背心、内衣裤的方法可参照衬衣、裤子的折叠方法。

（5）折叠羽绒服（见图 4—6）：拉上拉链、扣上扣子→平摊、抚平→左右衣袖平行交叠在胸前→从下方将衣身向上折叠至所需要的大小→双手慢慢挤压出羽绒服内的空气。

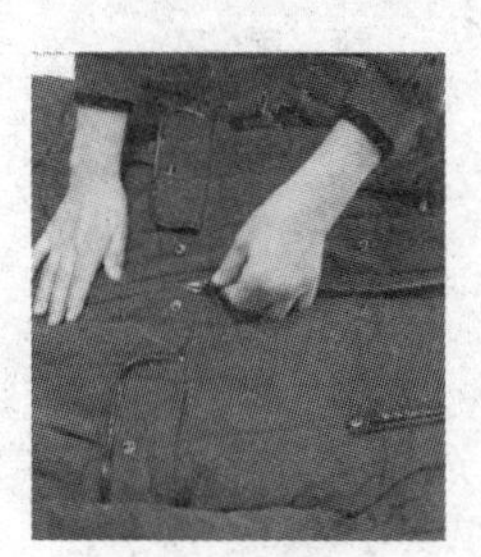
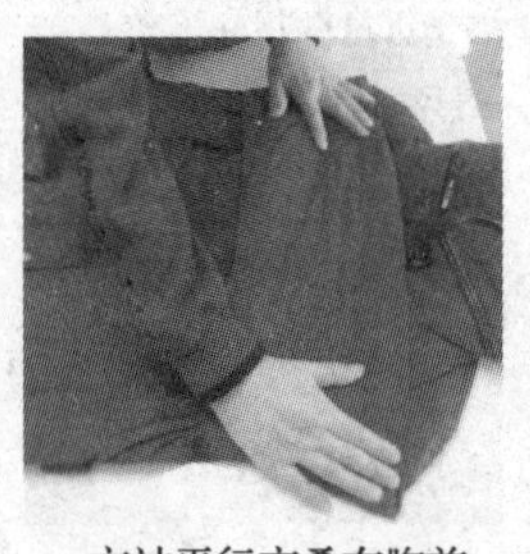
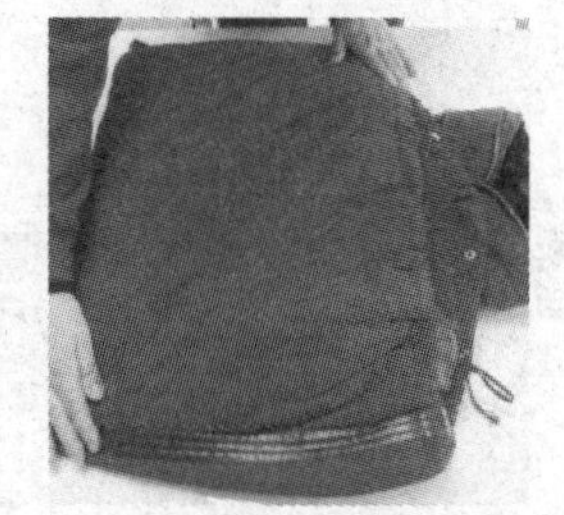

拉上拉链　　衣袖平行交叠在胸前　　将衣身向上折叠

图 4—6　折叠羽绒服

（6）折叠棉被、毛毯（见图 4—7）：将棉被、毛毯沿长度上下对折 3 次，然后从一端卷向另一端。卷时要用力，避免松散。这种折叠方法

占用的空间小。如果空间允许，可将棉被、毛毯沿长度上下对折3次，然后从两端向内折叠成方块状。

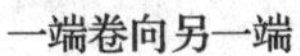

一端卷向另一端　　或折叠成方块状

图4—7　棉被折叠

2．摆放衣物（见表4—9）

表4—9　衣物摆放一览表

类别	摆放方法	说明
西服	西服上衣：西服上衣是立体剪裁，不宜抚平，尤其是肩部圆阔度，受挤压后影响美观。所以，挂放西服上衣时，要选用两端圆阔的宽衣撑，以免肩部变形 西服裤子：存放时，可用带夹子的衣撑夹着折叠好的裤脚悬垂挂放。也可将四条裤缝对齐后横挂于衣撑上或折叠后存放于衣橱内	过季不穿的西服要用专用衣罩罩起来，挂在衣橱内，以保持西服的干净整洁
丝绸衣物	洗净晾干，最好熨烫一遍，再收藏在衣橱内	这类衣物易生虫、发霉、变色，怕压，可放在其他衣物上层或用衣撑挂起，适当放些防虫药剂（用白纸包好）
针织类衣物	1. 针织类衣物适宜折叠后摆放而不宜挂放 2. 围巾可折叠或卷成卷摆放 3. 袜子要成双成对摆放，可将两只袜子整齐地折叠在一起，从脚尖处向上卷起，然后翻起袜口将两只袜子包在其中	—

续表

类别	摆放方法	说明
羽绒服	拉上拉链，扣上扣子，平摊、抚平，按羽绒服折叠方法折叠后放入衣柜	可在衣服内放置3～5粒用白纸包好的樟脑球
棉衣	扣上扣子，平摊、抚平，左右衣袖平行交叠在胸前，从下方向衣身折叠至所需要的大小，放入衣柜	棉衣容易受热生霉，必须拆洗干净，晒干晾凉后再往衣柜内摆放。里面放3～5粒用白纸包好的樟脑球
棉被、毛毯	视存放空间，按棉被、毛毯的折叠方法折叠成合适的体积摆放	棉被、毛毯吸湿性强，可先装入塑料包装袋中，再放入衣柜（每床棉被、毛毯内放入数粒用白纸包好的樟脑球）
毛呢、毛料衣物	将衣服挂在宽型衣撑上，用专用衣罩罩起来悬挂在衣橱内	毛呢衣物怕挤压，怕虫蛀，可在衣物内放置数粒用白纸包好的樟脑球
毛皮衣物	将衣物挂在通风凉爽处晾干，用光滑的小竹竿敲打皮面除去灰尘。将皮板铺平，理顺皮毛，然后毛里对毛里折叠起来，用布包好装进塑料包装袋中，放入衣柜	毛皮衣物怕潮湿、怕高温、易生虫，包装时在毛里处放10粒用白纸包好的樟脑球。尽量在天气转暖不穿时及时收放

3．收纳鞋帽

一般存放鞋时，应在保养或洗刷后，用鞋撑或纸团撑起鞋内空间，然后再放入鞋盒。布鞋晒干后可直接放入鞋盒，毛绒里皮棉鞋，存放时应在鞋内放入数粒用白纸包好的樟脑球。

针织帽子洗净晒干后可直接存放在衣橱内，呢质、挺括的帽子应挂放在衣橱内，必要时可用物品填充，以防变形。

提　示

除运动鞋臭味的小窍门：

1. 缝两个小布袋，里面装上干石粉，扎上口，脱鞋后立即将其放在鞋里，既可以吸湿，又可以去除臭味，再穿时干燥无味，比较舒适。

2. 将少量卫生球粉均匀地撒在鞋垫底下，可除去臭味，一般一周左右换撒一次。

思考与练习

1. 鉴别衣物面料有哪些方法？
2. 折叠摆放衣物应坚持哪些原则？

综合训练

某家庭，孩子调皮，吃完冰淇淋后，满手的污渍不光抹到自己的纯棉外套上，还往妈妈的羊毛衫和爸爸的亚麻衬衣上抹，你作为这个家庭的家政服务员，怎样做才能去除这些衣物上的污渍。

5 第五章　常用家电的使用与清洁

现代家庭中家用电器种类繁多，功能各异。家政服务员在使用和清洁家用电器时一定要认真阅读该电器的使用说明书。如果阅读有困难，则要虚心向客户请教，万万不可盲目操作。

使用和清洁家用电器，应严格按规程操作，安全第一，如有意外情况出现，切记首先切断电源。

一、使用与清洁电冰箱

电冰箱一般有两个温控区，一是冷藏区，温度为2 ~ 8℃，可调；二是冷冻区，温度在 -20℃左右。较新型的电冰箱又在以上两个温控区之间增加了一个保鲜区，温度在0℃左右。

1．电冰箱的使用

（1）使用前应熟读说明书，对照说明书认识、了解冰箱的各个部件及功能。

（2）冷藏室内右壁或右上角有一个标有数字的旋钮，叫做温控器，如图5—1所示。温控器上的数字，不是温度的标志，其大小与冰箱内温度呈反比，数字越大温度越低，数字越小温度越高。

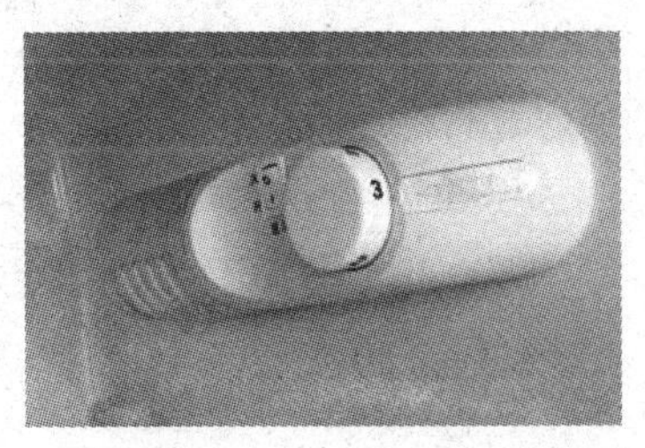

图5—1　温控器

（3）冷藏室内主要存放不需要冷冻的食品和饮料等，下部的果菜盒供冷藏水果蔬菜使用。冷冻室用于冻结食品、制作食用冰块，及冷冻食品的储藏。保鲜室内主要存放即将食用的冷冻食品（如冷冻生肉）及需保鲜的其他食品。

不管是冷藏还是冷冻食品（包括洗净并沥干水分后的水果、蔬菜及生食品等），都应加包保鲜膜，并留出一定空隙，这样做一可防止食品串味，二可不影响冷空气流通，提高制冷效果。

（4）在冰箱内取放东西要统筹兼顾，尽量做到“稳、准、快”，减少或缩短开、关门的时间。这样既可稳定箱内的温度，节约电耗，又可延长冰箱结霜的周期。遇到停电要尽量少开箱门。如突然停电，要拔下电源插头，来电后再等5 ~ 10分钟或是确定来电时再插上。

（5）冰箱内存放的东西不宜过多，且生熟要分开。

（6）切忌放入滚热的食品，待冷却后方可放入，剩菜、剩饭等也要等冷却后加盖保鲜膜或装入保鲜盒，然后再放入冰箱。

（7）不可将罐头或玻璃瓶装饮料、鸡蛋等放入冷冻室，以免冻裂发生意外。

（8）及时清理冰箱内的腐烂食品。如果冰箱内有异味，可以使用后面介绍的除味方法除味。

（9）冰箱长期停用时，应先拔掉插头，切断电源，取出箱内一切食品，将箱内外清理干净，敞开箱门数日，使箱内充分干燥，散掉异味，再关门封存。

提　示

1. 电冰箱虽然可以延长食物的保存期，但超过一定期限，食物仍会变质，因此要避免食物存放过久。

2. 葱、蒜、韭菜等味道浓烈食品不宜放入冰箱内。

2. 电冰箱的清洁

电冰箱应定期清洁，以免积存污垢，滋生细菌。

（1）清洁前拔掉电源插头，并取出冰箱内物品。

（2）使用软布、软毛巾或海绵蘸温水（可加中性洗涤剂）轻擦，再用干布擦干。

（3）要经常清除冰箱背后及左右两侧板上的尘埃，以提高散热效果，如图 5—2 所示。

（4）不要忽略对门封胶条的清洁，门封胶条容易脏，可用牙刷蘸漂白剂溶液（漂白剂：水 =1：10）刷洗，最后用清水清洗干净，如图 5—3 所示。

图 5—2　清洁冰箱背后

图 5—3　清洁冰箱门封

（5）有霜冰箱的霜层厚度超过 6 毫米时应除霜。断电后取出食品，让冰霜自然融化，较厚的霜层可用塑料刮霜板除霜，也可在蒸发器上放一碗热水加速除霜，最后用软布擦干。

提　示

1．不要使用硬毛刷、钢丝球、研磨剂（如牙膏、去污粉等）、有机溶剂（如汽油、香蕉水、酒精等）、热水或酸、碱溶剂擦拭冰箱。

2．不要用水喷淋冲洗冰箱，清洁开关和照明灯等电气元件时，要使用干布。

3．自动除霜的冰箱，冷藏室后壁霜水经出水口流出至冰箱背面的蒸发皿内。虽不用人工除霜，但一定要保持出水口畅通，若有堵塞，要使用透孔销进行疏通。

3．电冰箱除味

（1）用软布蘸发酵粉或清洁剂溶液擦洗冰箱内 1 ~ 2 遍，再用干布擦净。发酵粉的用量为每千克温水放 2 汤匙，清洁剂按说明书溶于适量温水中，适当降低浓度即可。

（2）如有鱼腥味，可用浸有食醋和白酒的软布擦拭。

（3）油迹或油垢产生的异味，可用软布蘸少量中性洗涤剂擦洗，然后用干布擦干。

提　示

将活性炭放入平盘内，置于冰箱内上层搁架上，或者放入香味较强的食物（如柠檬片等），可利于消除冰箱内异味。

二、使用与清洁电饭锅

1．电饭锅的使用

（1）电饭锅应放置在干燥通风的地方，使用单独的电源插座。

（2）使用前要注意保持电热盘表面及内锅底盘清洁、无异物，内锅底部与边缘不得与硬物碰撞。

（3）将食物原料清洗干净后放入内锅，并加适量水。

（4）擦干内锅外面的水渍，将内锅置于外锅体内，左右旋转几次，使其底部与电热板紧密接触，旋盖上锅盖，听到“咔”声为止。

（5）接通电源，按下开关，设定蒸煮时间。开关自动跳起时，电饭锅进入保温状态。食用前切断电源即可。

（6）用电饭锅煮粥、炖汤时应随时查看，以防汤汁外溢，损害电气元件。

（7）电饭锅不宜煮酸、碱类食物，以免腐蚀内锅。

（8）电饭锅不可空烧，按键开关自动复位后，不可再强行按下。

（9）电饭锅使用完毕，应拔下电源插头，否则控温器仍在工作，日久天长，会导致控温器损坏，影响电热盘使用寿命。

2．电饭锅的清洁

（1）内锅清洁：内锅可置于水中清洗，用软布或丝瓜瓤擦洗，然后用清水冲净，最后用干布将外壁擦干（内侧自然干燥即可）。清洗时注意不要与硬物碰撞，不要用钢丝球擦洗。

（2）外锅清洁：外锅不可水洗，可用潮湿的清洁软布蘸清洁剂擦拭，去除饭渍和油污，再用涮洗干净的软布反复擦拭，至洗涤剂被除净为止。

（3）电饭锅的锅盖、气口、溢水处，每次使用前后都应清洗，四周的橡胶密封填充圈也要经常擦洗。

提　示

1．电饭锅内锅与电热板吻合使用，才能达到最佳传热效果。这就是为什么放入内锅要“左右旋转几次”“内锅底盘和电热盘表面不能附有杂物”的原因。

2．内锅是电饭锅的专用件，切忌和不同牌号的内锅换用，也不能将内锅放在其他热源上加热。

三、使用与清洁压力锅

压力锅包括高压锅、电压力锅等，尽管高压锅与电压力锅相比，手动操作的因素多，危险系数也较大，但目前仍具有较高的使用率。这里仍以高压锅的使用与清洁为例进行介绍，电压力锅同样适用。

1．压力锅的使用

传统压力锅不具备自动控制锅内压力的功能，不能做到定时烹饪，还易出现手柄自锁阀因食物残渣堵塞而失灵、锅盖橡胶密封圈因老化而使汤水外泄等问题。因此，在使用过程中应特别注意以下几点：

（1）使用前要仔细检查锅盖限压阀气孔是否畅通、安全阀是否完好，若发现堵塞，应及时疏通或更换。

（2）烹制食物量要限定在锅体容量的 4/5 以内。食物过多，蒸煮过程中容易因翻滚堵塞排气孔和安全阀口，引发事故。

（3）加盖时，要对准锅盖与锅沿的卡口，旋转上手柄（锅盖），使上下手柄完全重叠。

（4）将锅置于炉灶上，待蒸汽从排气口徐徐喷出时，扣上限压阀；当蒸汽再次外排顶开限压阀时，应减小火力，保持限压阀微微跳动。

（5）蒸煮完毕，须待锅内压力完全释放以后再打开锅盖。若急于用餐，可将整锅置于水龙头之下，用水冷却降低锅内压力，待锅内压力完全消失时，再取下限压阀、打开锅盖（电压力锅应避免此操作）。

提　示

1．用压力锅蒸煮大块排骨或整鸡、整鸭时，在上面压放一只干净的铁网，可避免食物在沸水中漂起堵住排气孔。

2．注意掌握蒸煮时间，及时关火。

2．压力锅的清洁

（1）每次用完压力锅后，要将排气孔、限压阀、橡胶垫圈及限压阀座下的小孔清洗干净，如图 5—4 所示，然后将锅里外用水淋湿，用软布、海绵或软刷擦拭干净。

（2）如锅体有油垢或烟渍，可将锅放在水里浸泡，然后用软刷或软布蘸稀释后的中性洗涤液擦拭，最后用清水冲洗干净，自然晾干或用干布擦干。切忌用刀、铲刮除或用钢丝球、砂纸擦洗。

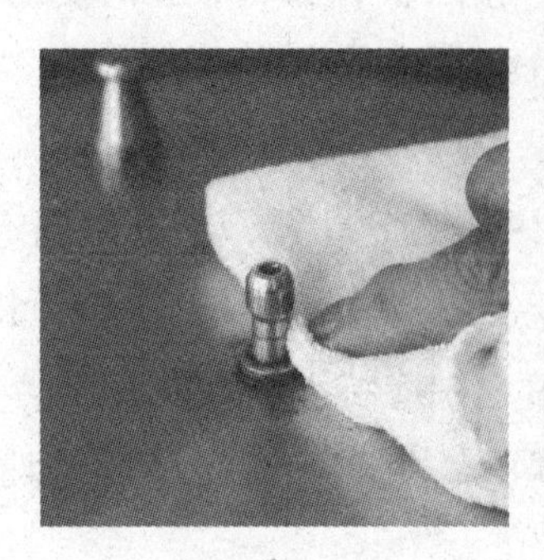

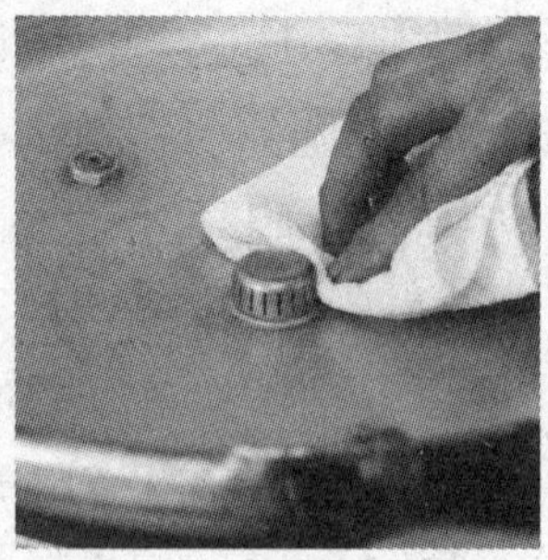

图 5—4　擦拭清洁排气孔、限压阀

四、使用与清洁消毒柜

消毒柜是一种用于餐具消毒的电子器具，由柜体、柜门、远红外石英发热元件或臭氧发生器、定时开关、网架及指示灯等部件组成。具有杀菌消毒效率高，使用安全耗电少及造型美观等特点。消毒柜对痢疾菌、葡萄球菌、乙肝病毒等的灭菌率可达100%，能有效保护人体健康。

目前市场上的消毒柜产品多是高温型消毒柜，一般采用红外线消毒和臭氧消毒两种方式，工作时柜内温度可达 150℃左右。

1．消毒柜的使用

（1）消毒柜应使用单独的电源插座，放于干燥通风处，离墙不要小于 30 cm，要避高温、忌潮湿，以免锈蚀。

（2）餐具放入消毒柜前，应清洗干净并控干水分。

（3）将餐具按顺序松散放置在消毒柜网架上，切勿上下叠放在一起，以免影响消毒效果。

（4）消毒结束后，柜内仍处于高温状态，须经 10 ~ 15 分钟方可开柜取物，以免灼伤。

（5）经消毒的餐具如暂不使用，可不必打开柜门，这样消毒效果可维持数日。

2．消毒柜的清洁

（1）要定期对消毒柜进行清洁保养，倒出柜身下端集水盒中的水，保持集水盒干燥。

提　示

1. 由于消毒柜内温度较高，为防爆裂，耐温低于140℃的餐具不能放入柜内消毒。

2. 勿将消毒柜当做储碗柜使用，因为消毒柜处于密封状态，如碗筷未干透，反而容易滋生细菌。

（2）清洁时，先拔下电源插头，用湿布擦拭消毒柜内外表面。若太脏，可先蘸中性洗涤剂擦抹，再蘸清水擦净洗涤剂，最后用干布擦干水分，如图 5—5 所示。

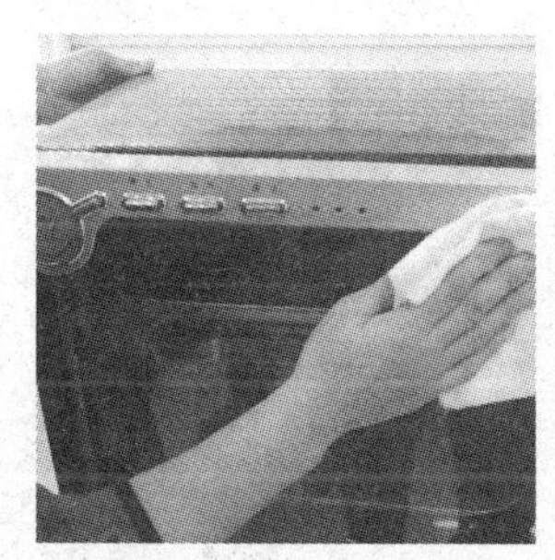

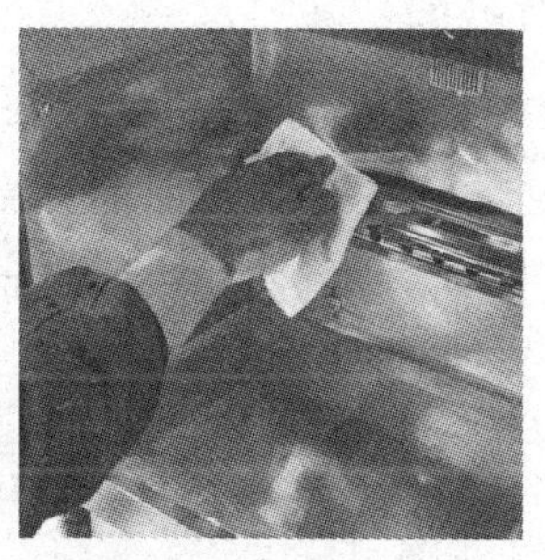

图 5—5　清洁消毒柜外部和内部

（3）清洁过程中要注意，不要撞击石英发热元件或臭氧发生器。

（4）经常检查门封条是否良好，以免热量散出或臭氧逸出，影响消毒效果。

提　示

使用时如发现石英不发热，或听不到臭氧发生器高压放电的“吱吱”声，说明消毒柜内部出现了故障，应停止使用，并请专业维修人员检修。

五、使用与清洁燃气灶

1. 燃气灶的使用

（1）燃气灶旁边不要放油、纸张或抹布等易燃物品。

（2）使用前应检查燃气灶、燃气管线有无漏气现象（用肥皂水涂抹要检查处，若发现起水泡即说明漏气，应及时修理）。

（3）燃气灶使用期间，人不能长时间离开，以免风吹灭火苗或汤汁溢出浇灭火苗，造成危险。

（4）装有燃气设备的房间要保持通风。

（5）每次使用完毕，一定要关闭燃气阀门。

提　示

若有燃气泄漏，切记不要重新打火，待彻底通风后，查明情况再做处理。

2．燃气灶的清洁

（1）当餐溅出的汤汁、油迹可用抹布或吸水软纸擦拭，或将米汤、面汤涂于油污处，浸泡几分钟后用抹布擦拭，再用干布擦干，如图 5—6 所示。

图 5—6　清洁燃气灶

（2）燃气灶上的油腻，可用油烟净类清洁剂或肥皂水擦拭。

（3）对于灶具表面的锈迹，可先用刷子把铁锈除掉，再取适量石墨粉用水调匀，均匀涂刷在灶具上。

六、使用与清洁抽油烟机

1．抽油烟机的使用

（1）接通电源后，按抽油烟机控制面板上的“强”或“弱”键，启动抽油烟机（“强”“弱”键具有互锁功能）;“灯”（“照明”）键控制照明，按下灯亮，再按下灯灭；按下“关”（“停止”）键，抽油烟机即停止工作。

（2）不可用炉火直接烘烤抽油烟机，以免火焰被启动的抽油烟机直接抽吸，引起着火。

（3）长时间不用时，要拔掉电源插头。

（4）每次烹饪后，应保持抽油烟机开动 1 ~ 2 分钟后再关掉，以保证油烟被彻底吸净。

2．抽油烟机的清洁

抽油烟机吸附油垢后，会加大风叶运转负荷，降低排烟能力，所以应定期清洗、清洁，每次使用完毕，都应用布将四壁擦拭干净。

（1）清洁表面。用软布蘸少许清洁液擦洗，再蘸清水擦净，最后用干布擦干。切不可用洗衣粉和浓碱水等液体清洁，以免破坏油漆表面光滑度。

（2）清洁隔油烟网和储油盒。隔油烟网可用碱水溶液浸泡后，用刷子反复刷洗，然后用清水冲洗干净；清洁储油盒时，先倒出储油，用软纸擦干，再用软布蘸中性清洁液擦洗里外，最后用清水冲洗干净，自然晾干或擦干。

至于抽油烟机内叶轮等部件的拆洗，由于比较复杂，建议家政服务员，尤其初级家政服务员，不要勉强为之，可请专业人士清洗。

提　示

清洗抽油烟机，不要使用酒精、香蕉水、汽油等易燃、易挥发的溶剂，这些物质挥发到空气中，容易引发火灾。

七、使用与清洁微波炉

1．微波炉的使用

（1）使用微波炉要选用适用的器皿，如耐热玻璃制品、耐热塑料制品、陶瓷制品及微波炉专用器皿等。其他如木制的器皿、一次性餐盒等也可以做短时间加热，但不可以使用金属器皿（包括内衬铝箔的软包装）、带有金属配件的器皿等。

（2）操作时，先按烹制食物的成熟要求设置加工时间及火力大小；然后将食物原料放在专用器皿中，置于微波炉托盘之上，关上微波炉门，打开电源开关；烹制时间到，微波炉自动切断电源，静止 1 分钟左右打开炉门，戴隔热手套取出食物即可。

（3）每次加热的食物不易过多、过厚。使用保鲜膜覆盖加热时须留有小孔；加热鸡蛋、板栗等带壳无孔的食物时，应先将其外壳刺穿，以防爆裂；对于瓶装食物、密封食物，应将瓶盖打开或启封后再加热；窄口瓶装食品或罐装食品不可以放入微波炉内直接加热。

（4）冷冻食品需先解冻后烹调，否则食品会出现外部已熟而中间尚未解冻的现象。

（5）如果由于设置火力过大、时间过长，引起炉内食物着火，切勿打开炉门，应立即将定时器复零位，拔下电源插头。另外，在微波炉工作中，一旦发现故障指示灯亮，应立即停止使用，待查出原因后采取相应措施或联系维修人员。

（6）加热大块食物或食物数量较多时，加热一段时间后可取出翻一下，然后再进一步加热，使食物成熟度达到一致。

（7）微波炉不得空载运行。

提　示

微波炉因型号不同，控制装置和使用方法也会有所不同。因此，在使用之前，要仔细阅读说明书，严格按说明书要求使用。

2．微波炉的清洁

微波炉应做到当餐即时清洁，否则汤汁堆积、油渍附着，时间长了容易产生异味，难以清洗干净。清洁工作要在微波炉冷却状态下进行，清洁前切记切断电源。

（1）微波炉炉体内外清洁。按照从里到外的顺序，用抹布蘸取中性洗涤剂溶液擦拭内壁和外壁，然后洗净抹布继续擦拭，直至炉体内外光洁为止，如图5—7所示。切忌使用钢丝球等刷洗，不可磨花或刮损内壳。

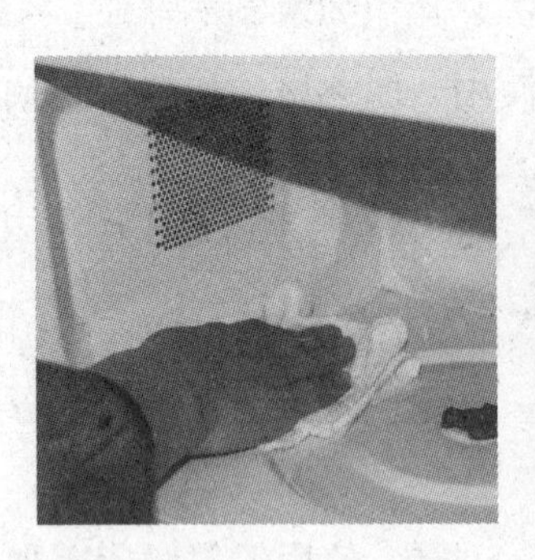

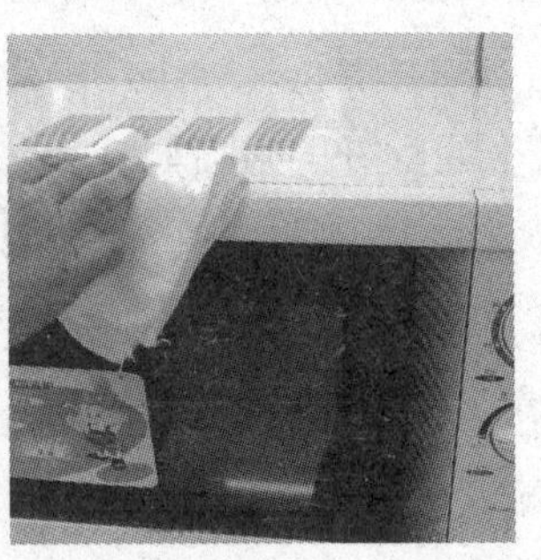

图5—7　微波炉炉体内外清洁

（2）清洁中要特别注意清洁门封、玻璃转盘和轴环。门封要保持清洁，并定期检查，而且要保持门闩光洁；对于转盘和轴环，可以用中性洗涤剂溶液或肥皂水清洗，然后用水冲净擦干，如图 5—8 所示。若玻璃转盘和轴环是热的，需等其冷却后再做清洁。

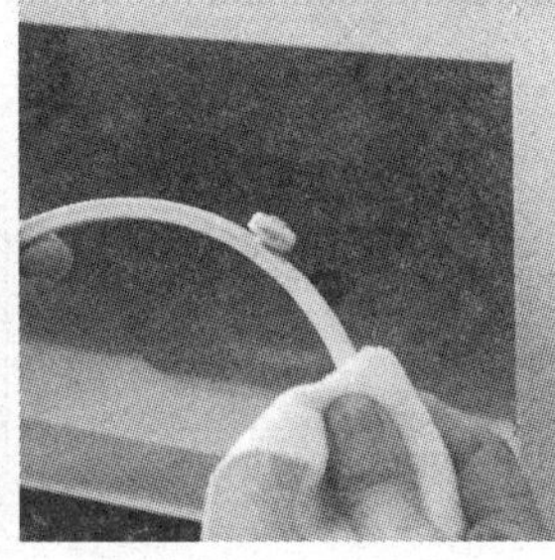

图 5—8 清洁微波炉转盘、轴环、门封

提 示

微波炉内如有异味，可在一碗水中加入 2 匙柠檬汁，在炉内加热 5 分钟后用布抹净即可除味。

八、使用与清洁电磁炉

1. 电磁炉的使用

（1）电磁炉应水平放置，不可紧贴墙面或物体，周边间隙至少 10 cm 以上，特别要注意电磁炉侧面的吸气口和排气口不要被物体、墙体所遮挡。

（2）电磁炉的放置忌潮湿、忌靠近火焰，也不要将电磁炉放置于铁板、铁桌之上使用。

（3）应使用容量大于电磁炉额定输入功率的专用插座，如和其他耗电量较大的电器接在同一线路上，则不要同时使用。

（4）接通电源，在待机状态下，按所选功能键，使电磁炉进入功能工作模式，再选择相应温度和时间（限手动功能，自动功能自动选定温度和时间），电磁炉即可工作。

（5）使用电磁炉时应注意图 5—9 所示的诸事项。

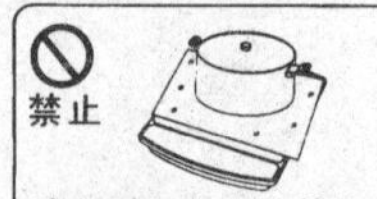

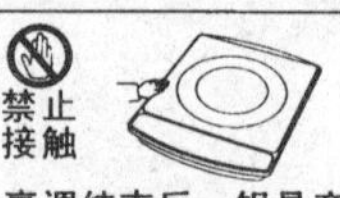

图 5—9　电磁炉使用注意事项

提　示

1．体内装有心脏起搏器者，不宜操作和使用电磁炉。

2．加热完毕，最好将热锅移开电磁炉，否则热锅热量会传入电磁炉，减少电磁炉使用寿命。

2．电磁炉的清洁

清洁电磁炉要在其冷却状态下进行，而且要防水、防潮。

（1）炉身和面板的轻微油污，可用湿抹布擦拭；如果生成油垢，可蘸少量牙膏或中性洗洁剂反复擦拭，然后再用湿抹布擦拭至不留残迹。

（2）对于吸、排气口的网罩浮尘，要用软毛刷顺槽清洁，如图 5—10 所示。

（3）面板变色时，可用牙膏或清洁剂擦拭，切忌用金属刷刷洗面板。

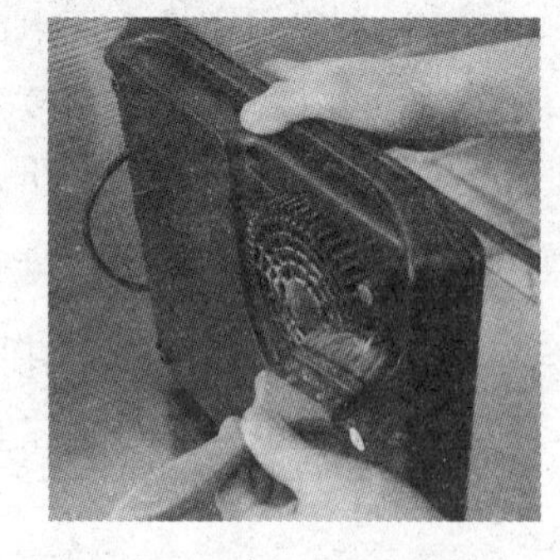

图 5—10　清洁电磁炉排气口

九、使用与清洁洗衣机

洗衣机按其结构和工作方式，可分为滚筒式、波轮式、搅拌式、振动式等；按其自动化程度，又可分为半自动和全自动两大类。目前，大部分城镇居民家庭使用的是全自动波轮式洗衣机和全自动滚筒式洗衣机。

1．洗衣机的使用

（1）可根据不同的衣物选择不同的洗涤程序，比如，洗涤针织衫、毛巾被、毛毯、围巾等，可选择毛织品洗涤程序；洗涤牛仔服可选择牛仔服洗涤程序；洗涤床单、被罩及一般面料的衣服，可选择常用程序；洗涤化纤面料的衣物一般不适宜使用烘干程序等。

（2）要根据所洗衣物的多少决定注水量，水面以没过被浸泡的衣物为宜。水量过多，浪费水，洗涤效果还不一定好；水量过少，则不但洗不干净，还会加重衣物的磨损。

（3）每次洗涤时，衣物最大投放量应不高于洗衣机标注的洗涤衣物重量。洗衣机超负荷运转，不仅洗涤效果差、磨损率高，还有可能烧坏电动机。

（4）选准洗涤时间，并非越长越好。时间一长，往往后半段的洗净度就不高了，费时、费电，还会加重衣物的磨损。

（5）洗涤前应取出口袋中的钥匙、硬币或其他硬物。有金属纽扣的衣服应扣好，并反转衣服，不使纽扣外露，以防硬物击打、磨损洗衣机内壁及部件。

（6）不同质地的衣物要分开洗，不能“一锅烩”。一般质地轻薄的衣物无须长时间洗涤，而质地厚重的衣物则要相应增加洗涤时间。

（7）洗衣水温不宜过高，一般40℃左右为宜，最高不得超过60℃。

2．洗衣机的清洁

（1）洗衣机使用完毕，应拔下电源插头，关闭水龙头，用干布擦干洗衣机外表层残留水迹，并将操作板上各处旋钮、按键恢复原位。

（2）要定期清理过滤网内的布毛、杂物，保证排水畅通，如图5—11所示。

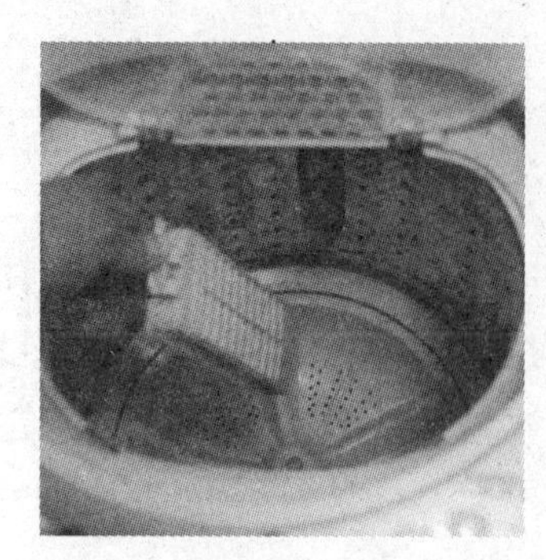
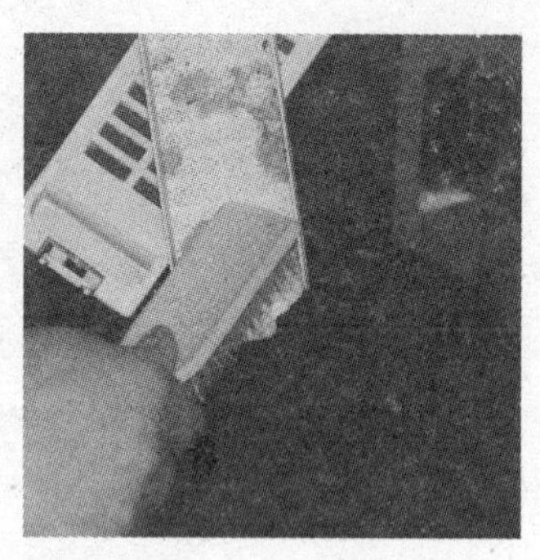

图 5—11　清理过滤网

（3）至少每三个月清洗一次洗衣机内桶，方法是：按说明将洗衣机专用清洁剂倒入洗衣机，注水至高水位并运转 5 分钟，然后关机浸泡 2 小时，再用漂洗模式漂洗、排水即可。

（4）清洁洗衣机时勿用强碱、汽油、烯料和硬毛刷。

提　示

1. 半自动洗衣机内桶旋转脱水时不要打开机盖，以免发生危险。

2. 如发现洗衣机运转声音异常、转速不稳定、冒烟、有焦煳味等，要立即切断电源，请专业人员检查维修，排除故障后方可继续使用。

十、使用与清洁吸尘器

1．吸尘器的使用

（1）吸尘器不能用来吸水，也不可吸污泥和金属等硬物碎屑。

（2）吸口不能阻塞，否则会烧坏电动机。

（3）吸尘器使用时间不能过长，连续使用超过 1 小时，应间歇停机，如电动机温度过高或出现异常声响，应立即拔下电源插头，停止使用。

（4）集尘袋中尘埃集多时要及时倒出，并定期清洗集尘袋，以保持吸尘器的正常吸力，如图 5—12 所示。

2．吸尘器的清洁

（1）用抹布擦净吸尘器及附件表面，然后晾干。

（2）卸下集尘袋，清理里面的灰尘，用清水洗净，干燥后备用。

（3）将遗留在吸尘毛刷上的杂物清除干净，检查毛刷磨损情况，如发现磨损、掉毛严重，应更换。

图 5—12　清理集尘袋

十一、使用与清洁热水器

目前家用热水器一般有两种：一种是利用电能加热的电热水器；另一种是利用管道煤气、天然气或液化石油气燃烧加热的燃气热水器。

1．电热水器的使用

（1）电热水器用电功率较大，一般在 1 200 ~ 2 000 W，所以必须使用专用电线和插座，并接有漏电保护装置和地线。

（2）使用时先打开电源开关，对储水进行预热。

（3）扭动混水阀时，喷头不要直对人体，待水温调至适宜时再洗浴。

（4）洗浴结束后，关闭混水阀，关闭热水器电源开关，甩干喷头中的存水，并将喷头挂回支座架。

（5）如热水器长期不用，应关闭自来水进水阀门，将储水排空，以防水变质有异味。

（6）重新启用热水器的注水方法是：将混水阀旋至热水处，打开自来水进水阀门，待喷头连续出水时，表明水已注满。储满水的热水器才可以通电加热。

2．燃气热水器的使用

燃气热水器又分烟道式和平衡式两种，使用时应注意以下事项：

（1）由于煤气、天然气燃烧要消耗大量氧气，排出一氧化碳气体，所以燃气热水器最好不要安装在卫生间内，即使是可在卫生间安装的平衡式热水器，也要配装排气扇，保证卫生间空气流通。

（2）使用半自动热水器，应先打开水源，然后转动打火开关点火，属于电子连续点火的，要按住开关，直至将火点着再放手。

（3）对于全自动热水器，只要打开水龙头，便会利用水的压力启动电子点火器自动点燃气体，关闭水龙头后燃气也会自动关闭。但是，当水压不足或热水器内橡胶膜片老化时，可能会点不着火，对此可安装增压泵或更换橡胶膜片来解决。

（4）使用中如嗅到燃气的异味，应立即关闭燃气总开关，并打开门窗和排气扇，加速排走残留燃气，在未查明原因之前不要再行点火。

提　示

家政服务员应提醒客户安装简易的燃气泄漏报警器，以便及时发现问题，及时维修，确保安全。

3．热水器的清洁

每次使用后，最好擦拭一次热水器，先将外层表面水迹、污物擦净，再用干抹布擦干。不易清除的污物，可蘸中性洗涤剂擦除。对于塑料制品、印刷面、喷涂面等，不宜用强力洗涤剂、强碱、汽油等物质清洗。

另外，长期使用的电热水器内胆会结水垢，燃气热水器内也会有“结炭”现象。本教材不主张家政服务员进行拆卸清洁。对于由这种原因引起的加热效率降低、点火困难等，可提醒客户找专业维修人员处理。

十二、使用与清洁空调器

1．空调器的使用

（1）空调器电源应设专门的导线和插座。

（2）用遥控器启动空调器，选择（冷暖）制式，调节风向、设定温度。设定温度以室内外温差不超过 8 ～ 10℃为宜。

（3）每天开机的同时，先开窗通风 15 分钟，使空调里积存的细菌、霉菌和螨虫等尽量散发，然后关闭门窗，启动空调。

（4）室内开空调的时间不要太长，最好一天两次开窗换气。定期注入新鲜空气，可以有效降低室内有毒气体的浓度。

（5）空调气流不要直对儿童、老人和病人。

（6）空调出风口不能被衣物、窗帘等物阻挡，这样不但影响使用效果，严重时甚至可能酿成事故。

（7）关闭空调器后切忌立即开启使用，应待5分钟后再开启。

2．空调器的清洁

（1）每隔2～3周要清洗一次进风口和过滤网。用真空吸尘器或用清水洗去过滤网上的尘土，然后晾干，必要时可用消毒液浸泡消毒。

（2）空调器每年停止使用前，要选择天气干燥时运转2～3个小时，使其内部保持干燥，然后拔下电源插头，取出遥控器中的电池，并对箱体、面板、栅板、过滤网等进行清洁。

（3）空调器长时间不用时，为防尘，可罩上布罩。

提　示

不要将空调器用于其他用途，如干燥衣物等；不要在空调器附近使用加热器具，过度的热辐射可能导致空调器塑胶部件老化、变形。

十三、使用与清洁电视机

1．电视机的使用

（1）电视机的安放忌高温（有良好的通风散热条件）、忌灰尘、忌潮湿、忌磁性，为保证散热，电视机上不要覆盖物品。为防止潮气腐蚀电视机，可以在电视机后面放置几袋生石灰、硅胶等干燥剂，定期更换。

（2）天气过于闷热时，可以用电风扇吹风散热，最好观看两小时左右关机片刻，以保证电视机有良好的通风和散热条件；雷雨天气，使用室外天线的电视机，如果没有避雷装置，在雷电来临前要及时断开天线开关，并将天线与地线相连，以防雷击；如长时间不使用电视机，为防止机内元件受潮，也应坚持每天开机半小时，以驱除机内湿气，保持机内干燥。

（3）冬季气候寒冷，使用电视机时，要先预热，防止电视机骤冷骤热。对于新购买的或由室外搬入室内的电视机，应在室内放置一段时间，待机内温度上升至与室温相近时，将对比度、亮度、音量调至最小，开机预热几分钟后再正常调台收看。

（4）遥控器的有效范围一般在5米左右，在这个范围内可利用遥控器开启或关闭电视机，选择频道，调整亮度、对比度等。在图像清晰的前提下，宜把亮度调得偏暗一些。亮度太大，一是加速电视机荧光物质老化，缩短使用寿命，二是增加耗电量，三是刺激眼睛，导致视力减弱。

（5）罩机罩时机。关闭电视机后，机内尚有一定热量，这时不宜立即罩机罩，否则机内热量不易散发，但机内热量散尽后，又容易附进灰尘。最好是在电视机尚有余热时罩上机罩。

（6）看电视不要随开随关，中间间隔 1 小时为宜。使用遥控器关闭电视机后，仍应拔掉电源插头，切断电源。

2．电视机的清洁

（1）清洁电视机时，先要关掉电源开关。

（2）外壳灰尘用软布擦拭，勿用汽油、化学溶剂、试剂等物质擦拭。如果油污较重，可用软布蘸中性洗涤剂与温水的混合液擦拭，最后用干布擦干。

（3）因静电缘故，需定期擦拭屏幕，可用软布、酒精药棉或棉球蘸取磁头清洁液擦拭。擦拭时从屏幕中心开始，轻轻地逐渐向外划圈，并不时更换干净抹布或棉球，直至擦拭干净，如图 5—13 所示。

图 5—13　擦拭电视机屏幕

（4）各种开关和遥控器表面最容易产生污垢，可用棉球、棉棒蘸酒精擦拭，也可用牙签或竹签卷软布、软纸擦拭。

另外，对于电视机内部的清洁，有的教材介绍用吸尘器吸尘和用打气筒吹尘等办法，本教材主张家政服务员了解即可。至于机内清洁，还是做到定期提醒客户，请专业维修人员处理为宜。

提　示

电视机机壳内部积满尘埃，会加速电气元件的老化，严重的可造成短路，烧毁元器件，甚至引起显像管爆炸。家政服务员应提醒客户予以重视，至少每年请专业人员对电视机内部灰尘清理一次。

十四、清洁电脑

清洁电脑设备前一定要切断外部电源，在关机状态下进行。

1．显示器的清洁

显示器分为外壳和显示屏两个部分：

（1）显示器外壳清洁。可用拧干的软湿布擦拭，最后用干布擦干。由于灰尘和室内烟尘的污染，时间长了，外壳可能发黑变黄，可用专门的清洁剂或中性清洁剂溶液擦拭；对外壳散热孔，可用毛刷顺缝隙的方向轻轻扫动，并辅助使用吹气囊吹掉灰尘，最后用软布擦干净。

（2）显示屏的清洁。由于显示屏都带有保护涂层，所以在清洁时不要使用溶剂型清洁剂，可采用眼镜布（绒布）或镜头纸擦拭。擦拭顺着一个方向进行，并多次更换擦拭布面，防止已经沾有污垢的布面再次污染或划伤涂层。

2．键盘的清洁

首先将键盘倒置，拍击键盘背部，清除键盘按键缝隙的尘屑；然后，用湿布蘸中性清洁剂或电脑专用清洁剂擦拭键盘表面污渍，再用干净湿布擦拭干净，自然晾干；最后，用棉棒清洁键盘按键缝隙内的污垢。

3．鼠标的清洁

用软布蘸清洁剂溶液擦拭。机械鼠标需将鼠标底部的螺丝拧下来，打开鼠标，清洁内部的滚动球和滚动轴。

4．主机外壳的清洁

主机机箱通常放置于电脑桌下面，很容易积灰尘，清洁时可先用干布清除浮尘，然后蘸中性清洁剂将顽渍擦掉，再用毛刷轻轻刷掉机箱后部各接口表层的灰尘。

提　示

电脑既是人们学习、工作和获取信息的工具，也是人们相互交流、储存个人信息的工具，具有私密性。家政服务员不可借清洁电脑之名而擅开客户电脑。

十五、清洁电话机

1．擦拭电话听筒

用消毒布或蘸取中性洗涤剂溶液的软布擦拭话筒的收听端和送话端，去除灰尘、污物，使之干净、无异味。

2．擦电话听筒线

先用湿布顺螺旋方向擦拭，去除线上灰尘，再用干布擦干水分。

3．擦拨号（键）盘

先用抹布擦拭表面去除浮尘，再捻起布角擦拭按键之间的地方，如图 5—14 所示。如有必要，可用棉棒或用牙签裹湿布擦拭。

4．清洁其他部位

将话筒扣回话筒槽后，用湿布擦拭电话机机身各面，然后用干布擦干。

图 5—14　擦拭电话键盘

提　示

禁止用水冲洗电话机。另外，未经客户允许，不要因私事使用客户电话。

思考与练习

1. 电冰箱为什么要定期除霜？如何除霜？
2. 举例说明使用和清洁家用电器为什么要严格遵守操作规程。

6 第六章　照料孕妇、产妇

帮助孕、产妇正确对待怀孕、生育、哺乳这一系列生理过程，使之安全度过这些特殊时期，是广大孕、产妇及其家庭的需求，也是她们对家政服务员的要求。因此，家政服务员必须学习照料孕、产妇的相关知识，掌握相应的工作技能，为她们提供科学、温馨的服务。

第一节 照 料 孕 妇

一、了解孕期生理变化

整个孕期经历 280 天共 40 周，大体可划分为“孕早期”“孕中期”“孕晚期”三个阶段，各阶段生理变化和注意事项见表 6—1。

表 6—1　　怀孕各阶段生理变化及注意事项

怀孕分期	怀孕时间	生理变化	注意事项
孕早期	1 个月	月经逾期不至，出现早孕反应，小便次数增多，乳房胀痛	1. 预防感冒 2. 注意有无先兆流产迹象 3. 不乱服药物
	2 个月	宫颈着色、变软，子宫柔软，体积增大	
	3 个月	子宫在耻骨联合上 2 ~ 3 横指，体重增加 2 ~ 3 公斤	
孕中期	4 个月	早孕反应消失，下腹部轻微隆起，开始感到胎动	1. 注意胎动，如发现胎动异常或消失，立即就医检查 2. 经常进行户外活动，多晒太阳
	5 个月	下腹部膨隆，胎动明显	
	6 个月	偶有乳汁分泌，体重增加	
	7 个月	腹部增大，脐上部膨隆	
孕晚期	8 个月	自感身体沉重，经常腰背部及下肢酸痛	1. 休息时下肢适当抬高 2. 可轻轻按摩腰背部 3. 睡眠或休息时取左侧卧位，有利于胎儿发育
	9 个月	小便频繁，阴道分泌物增多，偶有宫缩	
	10 个月	胎头下露，下降到骨盆入口以下，孕妇胸腹部受挤压症状缓解，食欲增加	

二、孕妇的饮食需求与饮食制作

孕妇在怀孕期间不仅要保证本人的营养需求，还必须储备充足的能量和均衡的营养，满足胎儿生长发育和分娩的需求。家政服务员在了解孕妇不同时期营养与膳食要求的基础上，不仅要安排好孕妇的饮食，还要根据情况及时给予提醒和建议。

1．孕期各阶段的饮食需求

（1）孕早期的营养膳食。

1）遵从习惯爱好。家政服务员可根据孕妇的喜好与生活习惯制作饮食。

2）饮食有所选择。家政服务员可为孕妇选择容易消化的食物，如粥、面包干、馒头、饼干等，以减轻早孕反应。

3）多吃开胃水果。家政服务员可提醒孕妇多吃酸甜味道的水果，以增进食欲。

4）少食多餐，想吃就吃。家政服务员可建议孕妇睡前和起床后吃几块饼干或面包等点心，以减轻呕吐症状，补充进食量。

5）注意观察就医。对呕吐严重、完全不能进食者，家政服务员应建议其到医院就医，以免影响胎儿发育。

（2）孕中期的营养膳食。

1）增加主食摄取量。怀孕4～6个月，胎儿生长速度加快，孕妇子宫、胎盘、乳房等也逐渐增大，且孕早期反应结束，食欲好转，这时家政服务员应想方设法、变换花样，制作美味主食，增加孕妇主食的摄入量。

2）多摄入优质蛋白。因胎儿生长迅速，家政服务员应安排孕妇多进食富含优质蛋白的食品，如鱼、奶、豆类及豆制品，以补充孕妇所需的蛋白质，为胎儿骨骼生长及神经系统发育提供营养。

3）多补充含铁食物，如动物的肝、血、瘦肉等。

4）多进食蔬菜水果，增加维生素，防止便秘。

孕中期是孕妇及胎儿营养摄入的关键期，优化每日的膳食构成至关重要，家政服务员可参考表6—2中的内容为孕妇安排每日膳食。

表 6—2　　孕中期每日膳食构成表　　克

主食	豆制品	鱼禽瘦肉（每日交替使用）	牛奶	绿叶菜	水果	酸奶
350 ~ 450	50 ~ 100	150	200	300 ~ 500	200	200
备注	每周进食 1 次海产品（虾皮、海带、淡菜），以补充碘、锌等微量元素；每周进食 1 次（25 克）动物肝（鸡肝、羊肝、猪肝），以补充维生素 A 和铁；每周进食 1 次动物血，以补充铁					

（3）孕晚期的营养膳食。本期胎儿体内组织、器官迅速增长，骨骼开始钙化。孕妇体内胎盘、子宫增大，乳腺发育增快，营养需求明显增加。

1）体重适度增长。这一时期孕妇饭量明显增大，主食量增多，应保证体重适度增长。

2）增加钙的补充，以保证母子骨骼正常生长的需要。

提　示

膳食构成要做到共性和个性相结合，由于孕妇身体各异，不可硬性要求每位孕妇进食同样的食物。

3）满足维生素需求。孕晚期，孕妇对各种维生素的需求量增大，服务员可提醒孕妇于两餐之间多吃蔬菜水果，如黄瓜、西红柿等。

2．孕妇的饮食制作

每个孕妇的怀孕时间不同，饮食习惯、口味和要求也不尽相同，加之孕期反应各异，所以，成功地制作孕妇饮食的确需要家政服务员动一下脑筋。

（1）设计孕期食谱。食谱设计要掌握三个原则，首先要做到营养均衡，其次要讲究开胃可口，最后要适宜孕育。简言之，就是要满足母体和胎儿的共同需要。表 6—3 为孕妇各阶段一日食谱举例，仅供参考，家政服务员可按照以上“三原则”融会贯通地为孕妇设计更丰富的食谱。

表 6—3　　孕期各阶段一日食谱举例

餐次＼孕期	孕早期	孕中期	孕晚期
早餐	馒头或面包、茶鸡蛋、果酱或腐乳、牛奶	麻酱饼、小米红小豆粥、炒绿豆芽、咸鸭蛋	肉丝荷包鸡蛋面、拌莴苣丝
9:30 ~ 10:00 加餐	牛奶、饼干、核桃仁	牛奶、苏打饼干、核桃仁	牛奶、点心、大杏仁
午餐	米饭、红烧带鱼、素炒荷兰豆、西红柿鸡蛋汤	米饭、清蒸鲳鱼、蒜蓉油麦菜、虾皮紫菜蛋花汤	米饭、萝卜炖排骨、香菇炒油菜心、海米冬瓜汤
15:30 ~ 16:00 加餐	黑芝麻糊	藕粉、小蛋糕	馄饨、馒头片
晚餐	面条、胡萝卜甜椒炒肉丝、娃娃菜虾仁卤	馒头、芹菜炒虾干、菠菜鱼片汤	花卷、红烧牛肉土豆、清脆三丝、小米粥
睡前	酸奶	酸奶	酸奶
备注	孕妇可根据个人情况于两餐之间加食水果		

（2）菜肴制作实例。

【实例 1】 菠菜鱼片汤（见图 6—1）

原料：鲤鱼 250 克，菠菜 100 克，火腿肉 75 克，植物油、精盐、料酒、葱段、姜片适量。

图 6—1　菠菜鱼片汤

制作方法：

1）将鲤鱼洗净后切成 0.5 厘米厚的薄片，用料酒、精盐腌半小时。

2）菠菜洗净切段，火腿切末。

3）锅内放油烧热，放入姜片、葱段爆出香味，再放入鱼片略煎，最后放入适量清水，用旺火烧开后改用小火焖 20 分钟。

4）投入菠菜段，撒入火腿末，调好味，盛入汤碗。

【实例 2】 清脆三丝（见图 6—2）

图 6—2　清脆三丝

原料：卷心菜 200 克，胡萝卜 1 根，青椒100克，盐、姜末、蒜泥、红尖椒、花椒、大料、植物油适量。

制作方法：

1）洗净所有蔬菜，切成细丝，撒上盐腌5～10分钟，去掉生味及水分。

2）在菜丝上撒上姜末、蒜泥等调味料，拌匀后装盘。

3）将花椒、大料、红尖椒丝放入小碗内，倒入烧热的植物油爆香，凉后淋在菜丝上即可。

【实例3】 芹菜虾干（见图6—3）

原料：新鲜芹菜250克，虾干50克，葱末、姜末各5克，盐、料酒、水淀粉、植物油适量。

图6—3 芹菜虾干

制作方法：

1）将虾干放入温水中浸泡至回软，然后洗净、沥干，放入油锅中炸成金黄色，捞出备用。

2）芹菜冲洗干净后焯水，捞出沥干，切成小段。

3）锅内放底油，烧热后下入葱末、姜末爆香，再放入虾干、芹菜，烹入料酒加盐翻炒，用水淀粉勾芡。

【实例4】 南瓜粥（见图6—4）

图6—4 南瓜粥

原料：南瓜300克，大米100克。

制作方法：

1）南瓜洗净去皮，切小方丁。

2）锅内放水，放入南瓜丁煮至微烂。

3）倒入大米，开锅后用小火慢慢熬制成粥。

【实例5】 芦笋炒干贝（见图6—5）

原料：芦笋300克，干贝100克，蛤蜊肉200克，盐、葱花、香油适量。

图6—5 芦笋炒干贝

制作方法：

1）芦笋洗净后切成小段。

2）锅内放适量香油，烧热后放入葱花爆香，然后放入干贝、芦笋煸炒，再放入蛤蜊，用大火稍煸炒，加适量盐，熟后装盘即可。

【实例6】 紫菜虾皮蛋花汤(见图6—6)

原料：虾皮5克，紫菜10克，鸡蛋2个，葱丝、盐、水淀粉、香油适量。

制作方法：

1）将虾皮洗净，紫菜撕成小片，鸡蛋磕入碗中打散备用。

2）锅里放清汤，大火烧开后放入紫菜、虾皮，倒入水淀粉。再开锅后放入蛋液，顺着一个方向搅匀，放入葱花、盐，淋上香油即成。

图6—6 紫菜虾皮蛋花汤

（3）孕期饮食注意事项。

1）注意清洁卫生，不吃腐烂变质食物。

2）避免高盐、高糖类饮食，尤其是患有高血压和双下肢浮肿者，盐应控制在4克/日。

3）尽量不喝饮料，尤其是碳酸饮料。饮料内含防腐剂、添加剂及色素，对胎儿发育不利。

4）忌喝咖啡、浓茶，更忌烟酒。

三、孕期的日常起居需求

1．孕期的衣着

（1）衣料宜松软舒适。孕妇因腹部逐渐隆起，胸围日益增大，所以孕期衣着应以柔软、舒适为宜，最好穿着纯棉质地的衣物。

（2）样式宜简单宽松。衣服样式应简单，易穿易脱。不宜穿紧身衣裤，不宜紧束腰带，不宜穿戴紧束胸罩或钢托胸罩。

（3）鞋子宜防滑、安全。最好穿平跟鞋，鞋底最好有防滑花纹，鞋的尺码要合脚。不宜穿高跟鞋，不宜穿紧口袜。

2．孕期的家居环境

（1）整洁、温度适宜。居住房间要整洁、舒适、安静，温度适宜，室温最好在22 ~ 26℃。

（2）通风采光。每天要打开门窗自然通风2 ~ 3次，每次30分钟，以保持室内空气清新，阳光充足。

（3）净化环境。房间内可适当摆放花卉，如吊兰、仙人掌、龟背竹等，以利于净化室内空气。

（4）不养宠物。为避免宠物对孕妇和胎儿造成不良影响，孕妇家中最好不养宠物。

3．孕期的活动

（1）适当运动散步。怀孕后每天应做适当的运动及户外活动，而最好的活动方式就是散步。每天 2 ~ 3 次，每次约 30 分钟，时间为上午 10 ~ 11 点和下午 3 ~ 4 点。此时阳光较为适宜，紫外线可使孕妇皮肤内的 7- 脱氢胆固醇转化为维生素 D，有利于促进钙的吸收。晚饭后还可在家人陪伴下散步 1 小时。

（2）避免繁重劳动。孕早期和孕中期，只要身体状况允许，仍可坚持日常工作，但要避免重体力劳动。

（3）保证睡眠。孕期要保证每天 8 ~ 9 个小时的睡眠，要有 30 ~ 60 分钟的午休。

4．孕期出行

（1）孕早期可独自外出，但不宜时间过长；孕晚期外出时，身边应有人陪同。

（2）流感流行期尽量不去超市、大商场或人多、空气质量差的地方和场所。

（3）应避免长途乘车，也不宜自己驾车外出。

（4）孕晚期必须外出者，一定要事先征求妇产科医生意见，获准后，还需做好临产的应急预案，以防途中突然分娩而措手不及。

5．孕期卫生

（1）注意口腔卫生。每天早晚刷牙，饭后漱口，如有龋齿应在怀孕前治疗，以防孕期或产后出现牙痛、牙周炎等口腔疾病。

（2）经常洗澡换衣。怀孕后由于汗腺、皮脂腺分泌旺盛，需要经常洗头、洗澡，勤换衣服，洗澡应采用淋浴。

（3）保持外阴清洁。孕期阴道分泌物增多，每晚临睡前应用清水清洗外阴。

四、照料孕妇洗澡

通常情况下，孕妇洗澡可独立完成，如孕妇早孕反应严重而造成体力不支或孕晚期因腹部增大而行动不便，家政服务员应协助其洗澡。

1. 洗澡期间，应暂时关闭居室门窗和制冷状态下的空调，待孕妇洗完澡，稍事休息，汗液回落后再打开门窗通风，以防孕妇感冒。

2. 家政服务员应提醒孕妇，洗澡水温应适宜，不能过高，以免对胎儿发育不利。但也不可过低，尤其是夏季不能贪图凉快而洗冷水澡。

3. 孕妇洗澡时，家政服务员要提醒孕妇不要锁浴室门，并时刻留意浴室内的动静，适时地加以提醒或询问，以防发生意外。

4. 家政服务员应提醒孕妇，洗澡时间不宜过长，以10～15分钟为宜，另外洗澡的频率也要视孕妇的生活习惯和季节而定，一般冬季3～4天1次，夏季1天1次。

5. 家政服务员应提醒孕妇，不要长时间冲淋腹部，以减少对胎儿的不良影响。

6. 洗浴完毕，家政服务员可在浴室内放把椅子，让孕妇坐下穿衣，行动不便者服务员应予以协助。

五、为孕妇换洗衣物

怀孕晚期孕妇行动不便，生活自理能力较弱，穿脱衣服有一定困难，特别是患有高血压、先兆子痫、糖尿病等疾病者，更需要他人协助。对此，家政服务员应给予充分理解和体谅，尽量为她们做好服务。

1．脱换衣物的注意事项

（1）换衣前，家政服务员先洗手，指甲长了要修剪，以免不慎划伤孕妇。

（2）关好门窗，避免室内对流风。

（3）换衣前找出需更换的干净衣物，按内衣在上、外衣在下的顺序摆放好。

（4）家政服务员协助孕妇穿脱衣物时，要体贴耐心，动作轻柔，要扶孕妇站稳、坐稳，以保证安全。

2．清洗衣物的注意事项

（1）孕妇换下的衣物最好单独浸泡，而且要尽量手洗，可使用中性肥皂搓揉，清水漂洗。

（2）衣物清洗干净后最好用衣物柔顺剂浸泡5～10分钟，以消除静电。衣物洗净后应晾晒于阳光下，除湿灭菌，晒干后叠好存放。

六、孕妇异常情况的预防与应对

1．便秘

妊娠期因肠蠕动减弱、运动减少以及体内激素水平和植物神经功能改变，使孕妇易出现便秘。家政服务员应帮助孕妇调节饮食，让孕妇多吃蔬菜、水果及通便的食物，以减轻或消除便秘。在妊娠早期一般不主张孕妇用泻药，以免引起流产。如属顽固性便秘，可建议孕妇到医院就诊，在医生的协助下处理。解决便秘问题，还可有效预防痔疮的发生。

2．腰背疼痛

孕妇在妊娠中期以后，由于腹部增大，身体重心前移，行走时给腰部和背部的肌肉增加负担，加上体内激素和代谢改变，使腰部关节韧带松弛，从而产生腰背疼痛。家政服务员应提醒孕妇平时适当进行活动锻炼，使肌肉具有良好的弹性，不坐沙发，穿宽松合适的平跟鞋等。在此基础上，为孕妇进行局部热敷、按摩等也可以缓解症状。如疼痛剧烈，可建议孕妇到医院就诊。

3．皮肤色素沉着

妊娠期间，受激素变化影响，孕妇面部可出现对称的翼状色素沉着，称为蝴蝶斑。另外，乳头、乳晕、外阴等也有色素沉着。家政服务员应让孕妇知道，这些变化对身体没有大的影响，不必过分担心，产后色素沉着会逐渐消失，并提醒孕妇平时注意避免阳光直接照射，多吃富含蛋白质、维生素 B、维生素 C 的食物，保证充足睡眠等，劝说孕妇不要随便使用消斑类的药品。

4．下肢浮肿

孕妇在妊娠中晚期，由于静脉回流受阻，多有下肢浮肿现象。一般浮肿较轻，只有白天出现，经过一夜休息后立即消失，多属生理性浮肿。对于生理性浮肿，家政服务员可告诉孕妇不要长时间站立，休息时注意抬高下肢，症状即可减轻。若浮肿严重，经夜间休息后仍不消失，应建议孕妇到医院检查处理。

5．白带量增多

怀孕后，白带量明显增多，这是因为孕妇的阴部、阴道、子宫颈这些地方血流旺盛，组织水分增多，因而分泌物也增多。家政服务员一方面要让孕妇知道这是妊娠期的正常现象，不必担心，另一方面要帮助孕妇养成常用温水冲洗外阴部，勤换内裤的好习惯。如果白带量非常多或者白带白里带红、黄或者其他杂色，有臭味，家政服务员应提醒孕妇去医院检查诊治，以防其他合并炎症的发生。

6．其他异常情况

整个妊娠期间，由于孕妇体态变化大，身体负荷重，其稳定性、反应能力及行动能力都受到一定限制，因此很容易发生意外。在日常护理中，家政服务员提醒孕妇注意以下两点是十分必要的：

（1）注意动作适宜。日常活动不能压迫腹部，不应过度弯腰，避免跳跃，不宜长时间站立，不宜搬抬重物，不宜攀高取物。

（2）保持通信畅通。孕妇家庭电话或孕妇的手机等通信设备应保持畅通。如果家政服务员必须外出（如采购），之前一定要询问或提醒孕妇，手机是否有电，是否欠费，以免中断联系，发生意外。

提　示

手机在欠费停机状态下仍可拨打“110”“120”等紧急救助电话，呼救时一定要说清自己所处的具体位置、周围显著的建筑或者标志，以便救援人员及时准确地找到求救者。

案例与点评

家政服务员小周服务的客户是一位年轻孕妇。一天，孕妇要小周去超市买水果。小周走后不久，孕妇突然感觉腹痛，便打电话联系小周。而此时手机欠费停机，与小周联系不上。情急之下，她忽然想到小周说过手机欠费停机不影响拨打求救电话，于是她拨打了“120”求救。小周外出不放心孕妇一人在家，购物后匆忙赶回，此时“120”急救车正好赶到，医生诊断为宫外孕内部大出血。这一意外幸亏求救及时，否则后果不堪设想。

【点评】这一案例有一定的典型性。正是服务员对孕妇的提醒在危急时刻起到了关键作用，避免了悲剧的发生。

第二节 照料产妇

一、了解产妇生理特点

产妇经历分娩过程后，身体会出现一系列生理变化，家政服务员应了解这一阶段的生理特点，有针对性地进行产妇生活护理。

1. 轻微发热出汗

产后1～2天内，产妇常有轻微发热、出汗等症状，如无其他疾病因素，一般短时间内会自然消失。

2. 恢复生殖功能

分娩后数日内由于子宫尚未恢复常态而出现阵缩，小腹常有轻微阵痛，大约6周后，子宫才能恢复到孕前大小。这段时间会不断有恶露流出，颜色逐渐由深变浅，其量也由多变少，生殖系统的功能将逐步恢复。

3. 开始分泌乳汁

分娩后2～3天，产妇开始分泌初乳，持续7天后逐渐变为成熟乳。应让婴儿常吸吮乳头，以刺激乳腺发育，促进乳汁分泌。

4. 需要营养补充

分娩后，产妇自身器官正处于修复阶段，需逐步补偿其在妊娠、分娩时所损耗的营养储备，满足器官修复的需求，使身体尽快复原，同时保证有充足的乳汁供给婴儿。

二、产妇的饮食需求与饮食制作

1. 产妇的饮食需求

产妇每天要分泌600～800毫升乳汁用来喂养婴儿，加之修复自身器官的需要，保证其足够的营养供给是十分必要的，但要避免盲目补充，中医有句名言“虚不受补”就是这个道理。对此，家政服务员要心中有数，因人而宜、科学合理地照顾好产妇。

（1）产后三天内的膳食要求（见表6—4）。

（2）产后普通膳食要求。

表 6—4　　产妇产后三天内膳食要求

分娩方式	膳食要求	食谱举例
正常分娩	适量进食易消化的半流质食物，一天以后转为普通饮食	红糖水、藕粉、蒸蛋羹、蛋花汤
会阴侧切或会阴撕裂伤重度缝合	少糌膳食一周左右，以保证肛门括约肌不会因排便再次发生裂伤	米汤、蒸蛋羹、米粉、煮鸡蛋、鸡汤挂面、荷包蛋(瘦肉、菜叶均须煮烂，做成泥状)
剖宫产	24 小时后进食流质食物一天，逐步改为半流质、普通膳食	小米汁、藕粉，忌用牛奶、豆浆及大量蔗糖类易产生胀气的食物

1）主食粗细搭配。主食除精制米面外，适当调配些杂粮，如小米、红小豆、黑米、燕麦等。每日 4 ~ 5 餐为宜。

2）补足优质蛋白。优质蛋白质有利于伤口愈合和防止感染。含优质蛋白质的动物性食品有鱼类、禽类、瘦肉等，植物性食品有大豆及豆制品等。

3）多食含钙食品。奶及奶制品含钙量最高（如牛奶、酸奶、奶粉、奶酪等），并且易于吸收，每日至少摄入 250 克。此外，小鱼、虾皮含钙丰富，可以连骨带壳一起食用。深绿色蔬菜、豆类也含有一定数量的钙，可增加乳汁含钙量，有利于新生儿钙的补充。

4）多食含铁食品。肉类、鱼类、动物的肝脏、绿叶类蔬菜（如油菜、菠菜等），含铁量丰富，有利于预防和纠正贫血。

5）多食蔬菜水果。新鲜的蔬菜水果可以维持体内酸碱平衡，增加膳食纤维，预防产妇便秘。要纠正产后禁吃蔬菜水果的不良习惯。

2. 产妇的饮食制作

家政服务员为产妇制作饮食，既要做到饭菜可口，营养均衡，还要帮助产妇及其家人转变传统的饮食观念，改变坐月子只吃小米粥、红糖、鸡蛋、鸡汤等单一膳食品种的做法，使产妇获得更全面的营养。

（1）合理设计产妇食谱。由于产妇不定时哺乳，需要增加就餐的次数。一般每天安排产妇 3 次正餐，3 次加餐。以下是产妇 5 天的食谱，便于家政服务员在工作中参考，见表 6—5。

表 6—5　　产妇 5 天营养食谱举例

星期 餐次	星期一	星期二	星期三	星期四	星期五
早餐	红小豆小米粥、煮鸡蛋、葱油饼、小菜	杂粮粥、煮鸡蛋、馒头、豆腐乳	桂圆粥、煮鸡蛋、蒸饼、榨菜丝	红枣小米粥、煮鸡蛋、豆包、小菜	棒碴粥、煮鸡蛋、发糕、豆豉
10 点加餐	牛奶、点心	牛奶、蛋糕	牛奶、梳打饼干	牛奶、曲奇饼	牛奶、面包
午餐	米饭、面条、红烧鱼块、白菜炖豆腐、乌鸡白凤汤	米饭、枣卷、红烧鸡翅、芹菜炒豆腐干、胡萝卜、土豆、牛肉蔬菜汤	米饭、发糕、红烧排骨、素炒菠菜、鲫鱼汤	米饭、千层饼、海带炖肉、粉丝小白菜、花生莲藕老鸡汤	米饭、麻酱卷、酱翅中、虾皮炒胡萝卜、花生猪蹄汤
15 点加餐	水果、点心	水果、点心	水果、点心	水果、点心	水果、点心
晚餐	米饭、蒸包、鲜笋炖肉、蒜蓉油麦菜、鲫鱼汤	米饭、千层饼、酱牛肉、香菇油菜心、红枣花生猪蹄汤	米饭、花卷、木须肉、鲜蘑炒油菜、当归炖鸡	米饭、金银卷、炸鱼排、西红柿炒鸡蛋、鲫鱼汤	米饭、肉卷、腰果鸡丁、素炒白菜、大骨头白萝卜汤
20 点加餐	龙须面、荷包蛋	虾仁馄饨、荷包蛋	青菜疙瘩汤、荷包蛋	银耳莲子汤、荷包蛋	鸡汤挂面、荷包蛋

（2）产妇饮食制作实例。

【实例 1】 发面饼（见图 6—7）

材料：面粉 500 克，鸡蛋 1 个，发酵粉、葱末、油、盐适量。

制作方法：

1）发酵粉用温水泡开，将鸡蛋打入面粉中，加发酵粉水搅拌均匀，揉成面团，饧 20 分钟后将面团擀成大薄片，撒层盐擀匀，再倒油抹匀，撒入葱花，卷成长条，分成 10 个剂子。

2）将剂子两头捏紧，拧成麻花状，再将中间按扁，然后擀成饼，放入五成热的平底油锅中，烙至两面呈金黄色时取出，切块装盘。

图 6—7　发面饼

注：发面饼易消化，盐、葱花有香味，可刺激食欲。

【实例 2】 乌鸡白凤汤（见图 6—8）

材料：乌鸡 1 只，白凤尾菇 50 克，黄酒、葱段、姜片、盐适量。

制作方法：

1）将乌鸡洗净焯水，切成小块。

2）在锅里加清水，放入姜片、葱段、鸡块煮沸，用慢火熬煮至鸡肉熟烂。

图 6—8　乌鸡白凤汤

3）在鸡汤中加入白凤尾菇、盐，调味后煮 3 分钟即成。

注：乌鸡具有较强的滋肝补肾作用，经常食用有增乳作用。

【实例 3】 虾仁馄饨汤（见图 6—9）

材料：新鲜虾仁 50 克，猪肉 50 克，胡萝卜 15 克，葱 20 克，姜 10 克，馄饨皮、香菜末、鸡汤、香油、盐、紫菜适量。

制作方法：

1）将虾仁、猪肉、胡萝卜、葱、姜一起剁碎，加入适量香油、盐，拌匀做成馅，将馅料包进馄饨皮中。

图 6—9　虾仁馄饨汤

2）锅中放 1/2 鸡汤、1/2 清水，水开后放入馄饨，煮熟，然后放入紫菜，盛入碗中，倒入香油，撒香菜末即可。

注：虾肉中含有大量蛋白质和钙，不仅能促进乳汁分泌，还能提高乳汁质量。

【实例 4】 黄豆炖排骨（见图 6—10）

图 6—10　黄豆炖排骨

材料：排骨 500 克，黄豆 50 克，葱、姜、盐、油适量。

制作方法：

1）排骨斩成寸段，洗净后焯水；黄豆洗净后放入温水中泡 4 小时；葱切段，姜切片。

2）锅内放少许油，下入葱、姜，炝出香味，倒入适量开水，放入排骨、黄豆。汤开后用小火煮至肉烂汤浓，出锅前加少许盐调味即可。

注：如家中有高压锅或电焖锅，将各种材料一次放入，倒入适量开水，放少许盐，盖好锅盖，插上电源插头，调至适宜挡位，待指示灯灭后，拔下电源插头即可。

注：黄豆富含植物蛋白、B 族维生素、钙，有益气养血功能。排骨含动物蛋白，其肉较瘦，骨中钙、磷可溶于汤中。

【实例 5】 牛肉蔬菜汤（见图 6—11）

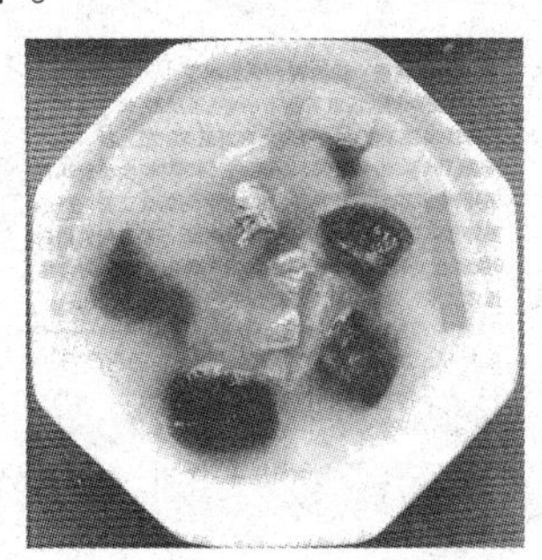
图 6—11　牛肉蔬菜汤

材料：瘦牛肉 100 克，洋葱 50 克，土豆 50 克，菠菜 30 克，西红柿 30 克，盐、米酒、葱段及姜片等适量。

制作方法：

1）将牛肉洗净切成大丁后焯水；洋葱剥皮、切片；土豆洗净后削皮切滚刀块；菠菜洗净后切段。

2）锅内加水，放入牛肉、葱段、姜片、米酒，锅开后放入洋葱、土豆。

3）锅开后改成小火，待牛肉煮至烂熟，放入西红柿、菠菜，加少许盐调味。

注：牛肉不仅含蛋白质、钙、还含有丰富的铁。菠菜含铁量较多，配上土豆、洋葱、西红柿，味道更加鲜美。

（3）产妇饮食制作的注意事项。

1）各项操作要清洁卫生，生熟分开。

2）产妇饮食以汤为主，熬汤的主料，如鸡、排骨、猪蹄等洗净焯水后应凉水下锅，煮沸后用小火慢煮，以保持其营养成分。

3）做饭前先征求产妇意见，尽量按产妇的喜好、习惯制作，饭菜要荤素搭配，色、香、味俱全。

4）为产妇制作饭菜禁放辛辣、刺激性的调味品。

三、产妇的日常生活需求

1．产妇的休养环境

（1）产妇房间应清洁、舒适、向阳，室温 24 ~ 26℃为宜。

（2）天气晴好时，应打开房间门窗通风，每天 1 ~ 2 次，每次 15 ~ 20 分钟。

（3）由于产妇体虚汗多，应避免对流风，电风扇及空调风不宜直吹，以防产妇感冒。

（4）产妇休息的房间不要放置芳香类花木，以免引起产妇和新生儿出现过敏反应。

（5）建议产妇家中不要养宠物。

2．产妇的衣着

（1）产妇应穿纯棉内衣，样式宽松，以开襟方便喂奶为好。

（2）哺乳期最好不戴乳罩，如需佩戴，应选择松紧度适宜的纯棉制品，以免压迫刺激乳房。

（3）穿衣多少要与气温吻合。夏季气温高，不宜穿戴太多、太厚。

3．产妇的个人卫生

（1）口腔卫生。产妇卧床时间长，吃的含糖食品多（如红糖水、红糖稀饭等），应特别注意口腔卫生。正常分娩者三天内饭后用温水漱口，以后早晚用温水刷牙，坚持饭后漱口。会阴侧切或剖宫产有伤口者，每天饭后漱口，待能下床后，早晚用温水刷牙，坚持饭后漱口。

（2）洗手。产妇要给宝宝喂奶，应保持双手清洁，避免双手传播细菌。在进餐前后、哺乳前、换恶露垫后以及大小便后均要用肥皂洗手。产妇不能下床活动时，家政服务员要协助产妇洗手，产妇能下床活动后，家政服务员要督促产妇洗手。产妇洗手要用温水，盆和毛巾要专用。

（3）洗澡。产妇分娩后身体虚弱，出汗较多，要注意皮肤清洁。如果产妇体质许可，自然分娩者一般可于产后一周冲洗淋浴；有侧切伤口或剖宫产者，应在产后 3 ~ 5 天擦澡，待伤口愈合后可淋浴。

4．产妇分娩后的护理

（1）分娩第一天，产妇心情兴奋、激动，也较为放松，随之而来的是疲劳。产后两天内，要充分休息，保证睡眠，消除疲劳。如有伤口疼痛或其他不适可向护士反映，及时处理。

（2）自然分娩 8 小时后，家政服务员可协助产妇下床轻微活动。

（3）会阴侧切的产妇，12 小时后可以稍加活动，自己解尿、排便、处理恶露。家政服务员应在旁边协助，减缓产妇疼痛感。

（4）剖宫产术后 6 小时，产妇只要排气，就应鼓励其下床活动，以防肠粘连。

（5）分娩后 2 ~ 3 天，产妇乳房开始分泌初乳，此时应尽量让新生儿吸吮。初次哺乳前要用肥皂水洗净乳头、乳房，以后每次哺乳前要擦洗乳头。

5．产妇回家后的护理

（1）保持愉悦心情，安心休养，家政服务员如有空暇，可多与产妇交流。

（2）注意饮食调剂，帮助产妇尽快下乳，促成母乳喂养。

（3）帮助产妇进行适当锻炼，适时适当运动有助于增加食欲，恢复体力，避免排便困难。

（4）家政服务员要逐步对产妇进行指导，让产妇学会给婴儿喂奶、换尿布、洗澡等。

（5）要尽快和所属社区的卫生中心取得联系，以便社区医生进行家访。如产妇或新生儿有异常情况，可请社区医生进家指导。

四、照料产妇洗漱、洗澡

产妇分娩一周左右，身体虚弱，术后刀口疼痛，活动受限，需要家政服务员重点照料。尤其天热潮湿时，产妇出汗多，需要及时擦洗。家政服务员要因时、因人而异地帮助产妇洗理。

1．照料产妇日常洗漱

（1）可将牙膏挤在软毛牙刷或干净的纱布上，轻轻地擦磨产妇的牙齿和牙龈，也可用专用的产妇漱口水清洁。

（2）给产妇洗头的水温、室温应适宜，不能用吹风机吹干头发，可用多条干毛巾把头发擦干。家政服务员要嘱咐产妇一定要等头发干透后再睡觉。

提　示

产妇洗头时可能脱发较多，这是产后雌孕激素骤降引起的，属于正常现象，家政服务员可嘱产妇不必担心。这种现象会随着自身激素水平升高而改变。

2．照料产妇洗澡

产妇因分娩方式和分娩季节不同，个人体质不同，为其洗澡的方法也不尽相同。

（1）床上擦浴。多适用于产后时间短不适宜淋浴的产妇和侧切术后会阴有伤口或剖宫产腹部有伤口暂不能淋浴的产妇。

1）物品准备：关好门窗，调节好室内温度（以 24 ~ 26℃为宜），准备好盆、毛巾、浴巾、肥皂、换洗衣物和 50 ~ 60℃热水。

2）擦浴步骤：脸→颈部→手臂→腋下→胸部→腹部→背部→臀部→腿→脚。

3）注意事项：擦洗哪个部位，露出哪个部位，擦完后立即盖好，以免着凉；擦浴完毕，立即为产妇换上干净衣服，整理床铺；如床单需要更换应及时予以换洗。

（2）淋浴。适用于自然分娩、身体状况良好的产妇。

1）物品准备：关好门窗，室内温度以 24℃为宜。水温调到 35 ~ 40℃，准备好毛巾、浴巾、洗发液、肥皂、换洗衣物等。

2）注意事项：洗浴时间不宜过长，10 分钟左右为宜；产妇洗澡时，家政服务员应随时观察浴室内产妇状况，洗浴完毕协助产妇擦干皮肤、穿好衣服再走出浴室；产妇稍事休息后，应嘱其喝杯热红糖水。

提　示

产后洗澡严禁盆浴，以免发生生殖道逆行感染。

五、为产妇换洗衣物

分娩初期，产妇身体虚弱或伴有伤口疼痛，换洗衣物多有不便，往往需要家政服务员的帮助。

1．为产妇穿脱衣服

分娩初期产妇大多卧床，穿脱衣服多躺着进行，具体方法见表6—6。

表6—6　　为产妇脱、穿衣服

躺着脱衣方法		躺着穿衣方法	
脱上衣	站在床的一侧，将一侧袖子脱下→将产妇身体转向家政服务员→衣服一并放于底面→将产妇背向家政服务员→给产妇脱下另一侧袖子	穿上衣	穿上一只袖子→产妇背向家政服务员→衣服放向对侧→将产妇转平身掏出衣服→产妇面向家政服务员→穿上另一只袖子→将产妇转平身体，拉直衣服，扣好扣子
脱下衣	抬起产妇臀部→将裤子褪至臀下→抓住裤腿让产妇伸直腿褪下	穿下衣	撑开裤腿→让产妇脚伸进裤腿拉至臀下 →抬起产妇臀部将裤腰拉至腰部伸平

2．为产妇清洗衣物

产妇换下的衣服要与他人衣服分开，单独洗涤。清洗时一定要漂洗干净皂液，洗净晒干后折叠整齐，可与其他衣物一齐存放。

六、产妇异常情况的预防与应对

1．产褥感染

产妇产后体温升高，下腹疼痛，恶露有臭味是产褥感染的常见症状，此时，家政服务员应建议产妇就医进行抗感染治疗，并提醒产妇注意外阴清洁，产褥期避免盆浴，避免性生活等。

2．晚期产后出血

常表现为恶露不净，反复和突然阴道大出血。多因胎盘残留、子宫内感染、子宫切口愈合不良所致。家政服务员发现这种情况，应建议产妇立即去医院就诊。

3．乳腺炎

由于自身抵抗力下降、乳汁排出不畅或乳头皲裂感染等，产妇易患乳腺炎。乳腺炎以局部红、肿、热、痛为主要症状，家政服务员发现后，应做到：

（1）提醒产妇停止哺乳，用吸奶器将存于乳房内的乳汁吸出，并对乳房进行热敷和轻柔按摩。

（2）对产妇进行心理疏导，使其心情舒畅，保持乳头清洁，指导产妇采用正确的哺乳方法，如让婴儿含住整个乳晕吸吮母乳，而不是仅仅含住乳头等。

（3）哺乳后，从各个方向依次挤压乳晕，排空乳房内余奶，促进乳汁分泌。

（4）对于急性乳腺炎，应建议产妇就医，进行抗炎治疗。

4．便秘

由于缺乏运动，肠蠕动减缓，产妇出现便秘的几率很高。这时，家政服务员应建议并指导产妇积极地进行预防和纠正，如养成每天定时排便的习惯、保持愉快心情、适量运动、常饮水、多吃高纤维食物、多吃蔬菜水果等。

思考与练习

1. 简述孕期各阶段的营养需求。
2. 照料孕妇洗澡应注意什么？
3. 孕妇居家安全应注意哪些事项？
4. 产妇饮食的基本要求是什么？
5. 产妇居住环境有什么要求？
6. 产妇从医院回到家后应注意什么？
7. 怎样督促和协助产妇养成良好的生活习惯？

综合训练

1. 某孕妇，怀孕 24 周检查时血糖偏高，26 周时又测出轻微贫血，你作为家政服务员，应怎样做好该孕妇的饮食料理，请说明注意事项并列出几种参考食谱。

2. 某产妇，7月生产，天气炎热，可家中老人坚持老观念，不开空调，不开窗，饮食也比较单一，主要就是小米粥、鸡蛋、红糖，产妇大量出汗，侧切的伤口隐隐作痛，奶量也不足，心情烦躁，情绪很容易激动，你作为家政服务员，应该怎样劝解老人改变观念，为产妇营造舒适的休养环境，并设计合适的食谱，在调养产妇身体的同时促进母乳分泌。

7 第七章 照料婴幼儿

婴幼儿期身体生长发育速度最快，智力、个性逐渐显露，同时也是活泼、好动、好奇、喜欢模仿、极易发生意外伤害的年龄阶段。家政服务员在照料婴幼儿时，首先要有极强的责任心和安全意识，喜欢孩子，并善于和家长沟通、和孩子互动，同时还要具备照料婴幼儿的基础知识和熟练的工作技能，并以自身言行逐渐影响、培育婴幼儿，帮助其养成良好的生活习惯。

第一节　饮 食 料 理

一、婴儿（含新生儿）的喂养

1．母乳喂养

母乳是婴儿最理想的食品，是特别适合6个月内婴儿生长发育的天然营养品。在这期间，家政服务员应对产妇进行哺乳指导，尽力促成母乳喂养。

辅助母乳喂养的方法：

（1）每次哺乳前先让产妇洗净双手。

（2）用温热的湿毛巾帮助产妇擦洗乳房，如图7—1所示。

（3）给婴儿哺乳时，提醒产妇采用侧卧位或坐姿，如图7—2和图7—3所示。

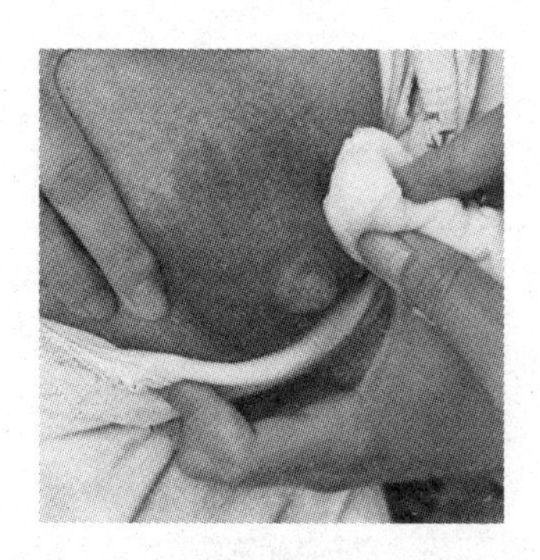

图7—1　擦洗乳房示意图

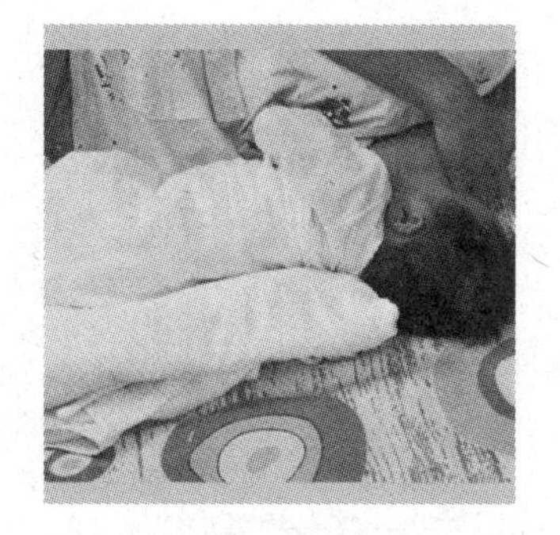

图7—2　侧卧位哺乳示意图

侧卧位哺乳多适用于会阴侧切、剖宫产产妇，哺乳时产妇肩肘部略垫高，侧卧环抱婴儿。哺乳过程切记不要堵住婴儿鼻孔。

坐姿哺乳时，产妇坐在靠背椅上，背部紧靠椅背，两腿自然下垂到地面，也可单脚或双脚踩在小凳上，侧怀抱婴儿，抱婴儿的胳膊下可垫一个软枕。

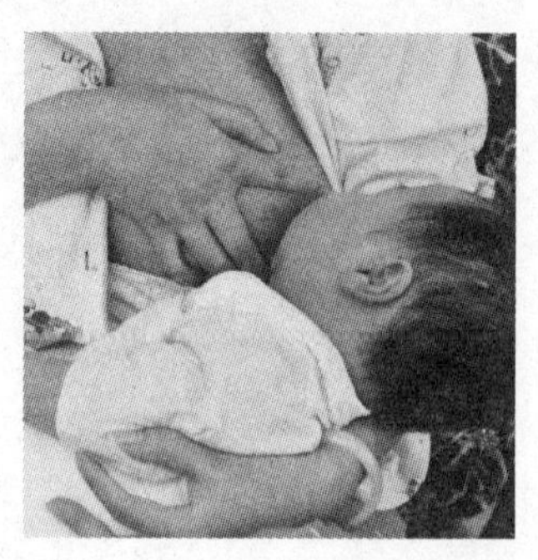

图 7—3　坐姿哺乳示意图

（4）指导产妇哺乳时用乳头刺激婴儿口唇，待婴儿张大嘴时迅速将全部乳头及大部分乳晕送进婴儿口中，如图 7—4 所示。

（5）为避免溢奶，喂哺后，应将婴儿竖抱于怀中，让其下颌靠在自己肩上，一只手抱好婴儿，另一只手用空心掌轻拍婴儿后背，至婴儿打嗝排出吞咽的空气，如图 7—5 所示。

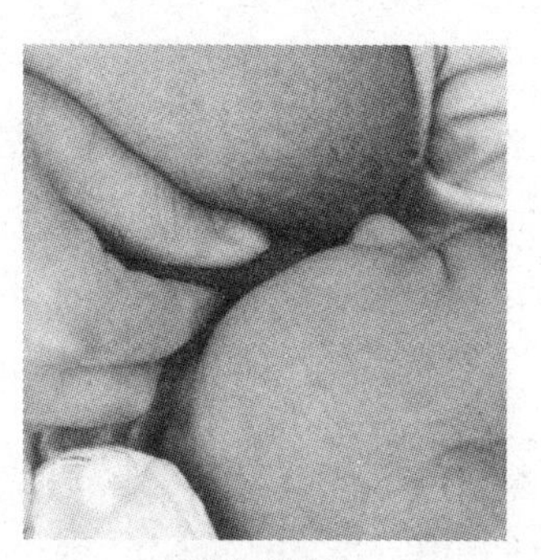

正确含接乳头

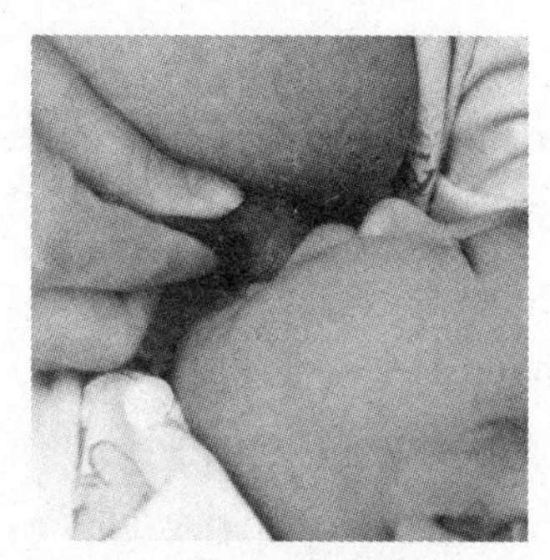

错误含接乳头

图 7—4　含接乳头方法

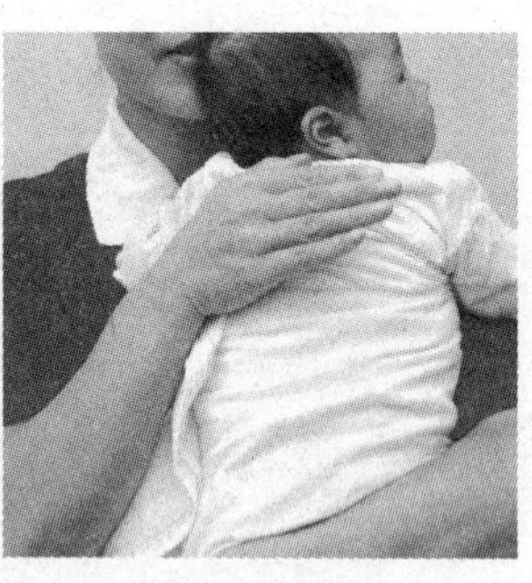

竖抱婴儿图

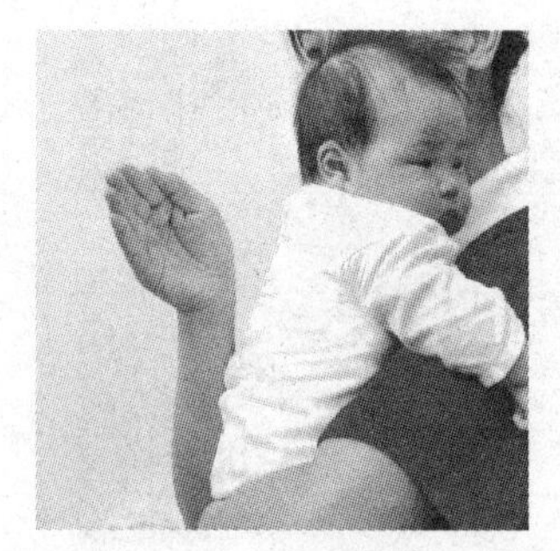

空心掌示意图

图 7—5　给婴儿拍嗝

（6）提醒产妇，喂哺婴儿时要心情愉快，用慈爱的目光注视宝宝，将母爱传递至婴儿。

提　示

家政服务员应指导产妇在新生儿出生30分钟内就开始哺乳，早接触、早开奶、早吸吮，按需哺乳。

2．人工喂养

因母乳不足、产妇生病或其他原因不能进行母乳喂养而使用配方奶粉、牛奶、羊奶等进行喂养的方式，称为人工喂养。在这种情况下，家政服务员一方面要承担起喂养婴儿的职责，另一方面也要指导产妇掌握人工喂养的方法。对不适宜母乳喂养的产妇，家政服务员还应指导其科学退奶，帮助其做好乳房护理等。

人工喂养方法如下：

（1）洗净双手，取出消毒奶瓶。

相关链接

常备婴儿哺乳用品

物品名称	数量	单位	用途	注意事项
大奶瓶（250毫升）	4～6	个	喂奶	应选择玻璃或不含双酚A的塑料奶瓶
小奶瓶（120毫升）	2	个	喂水和果汁	应选择玻璃或不含双酚A的塑料奶瓶
消毒锅	1	只	用于消毒奶瓶、奶嘴	水开后奶嘴煮3分钟、奶瓶煮10分钟
奶嘴	6	个	吮吸	每使用3个月更新一次
奶瓶刷	1	个	清洗奶瓶及奶嘴	每次使用后涮洗干净，自然晾干
奶粉	1～2	罐	婴儿主食	应选购适合其年龄段的奶粉，如发现过期、变质，不能给婴儿食用

（2）奶瓶中放入适量温开水，根据婴儿月龄，严格按照奶粉包装上的用量说明，用奶粉罐（袋）中附带的标准计量勺加入所需奶粉，混匀，如图7—6所示。

（3）喂奶前，先将奶瓶倒置，滴 2 ~ 3 滴奶液在前臂内侧，感觉不烫也不太凉时即可给婴儿喂食，如图 7—7 所示。

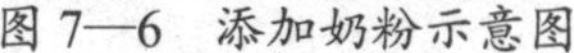

图 7—6　添加奶粉示意图

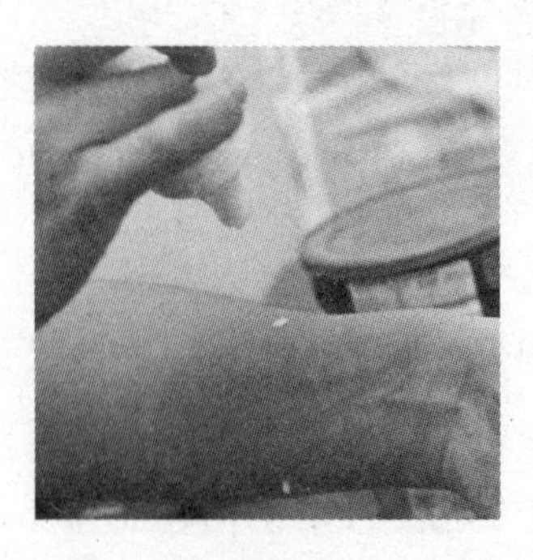

图 7—7　测试配方奶温度示意图

（4）喂奶时，将婴儿抱起，使其头部斜靠在自己的肘弯内，用前臂支撑起婴儿后背，使婴儿感到安全、舒适。

（5）拿起奶瓶，用奶嘴轻触婴儿下唇，待其张开嘴后，顺势放入奶嘴。喂奶时奶瓶应略向上抬，使奶嘴中充满奶水，防止婴儿吞入空气。

（6）喂奶完毕，不要立即离开，以防婴儿溢奶，发生窒息，应将婴儿竖起，拍嗝，方法与母乳喂养后拍嗝的方法相同。

（7）倒掉奶瓶中剩余的奶，用流动水刷洗奶瓶（见图 7—8），煮沸消毒或选用消毒锅消毒。煮沸消毒时，水面一定要漫过奶瓶。

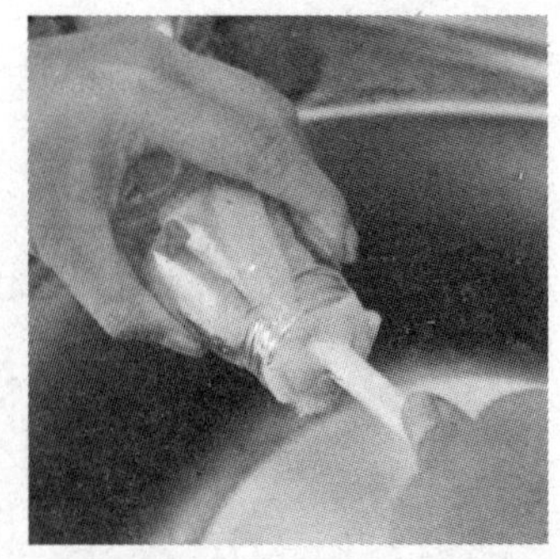

图 7—8　刷洗奶瓶示意图

提　示

家政服务员喂奶后，应在保证婴儿有他人照看的情况下去做别的事情，切忌将婴儿单独置于某处，无人照看。

两次喂奶之间可适当喂温开水，数量以不超过奶量为宜。

（8）婴儿因胃肠发育不完善，每次喂奶时应严格掌握喂奶量，见表 7—1。

表 7—1　　婴儿期内平均喂奶量次参考表

婴儿月龄	平均每次喂奶量（毫升）	每天喂奶次数	辅食添加次数
一周内	35 ~ 60	6 ~ 10	—
1 ~ 2 周	60 ~ 90	6 ~ 8	—
3 ~ 4 周	90 ~ 120	7	—
1 ~ 3 个月	120 ~ 150	7	—
4 ~ 6 个月	150 ~ 180	5 ~ 6	1
6 ~ 12 个月	180 ~ 210	3 ~ 4	3

案例与点评

家政服务员小张正在客户家中照料一名 52 天的女婴，喂完奶后宝宝很快便入睡了，此时婴儿的妈妈正躺在婴儿身边，看到无事，小张就去洗尿布了。过了一会儿，小张回到卧室看孩子时，见孩子的嘴和鼻子上全是奶渍，原来是溢奶了，身旁的妈妈也不知什么时候睡着了。于是她赶紧把宝宝的头向右转，将嘴里和鼻子里的奶渍清除干净，宝宝“哇”的一声哭出来，才幸免出事。有了这次教训，小张再也不敢在宝宝吃完奶后或没有人照看的情况下去干别的事情了。

【点评】婴儿溢奶现象是经常发生的，每次喂完奶不但要拍嗝，还要细心观察和等待，确认婴儿无异常并有他人照看时才可去忙其他事务。

3．混合喂养

在母乳不能满足婴儿需要时，可适当补充代乳品，这种喂养方式称为混合喂养。混合喂养应注意以下几点：

（1）坚持母乳优先的原则，每天按时母乳喂养不少于 3 次，每次哺乳时间不少于 15 分钟。

（2）每次哺乳时，要在吸空两侧乳房后，再补充增加配方奶粉。

（3）每个婴儿进食量不同，每天喂奶次数也应有所不同。

4．辅食添加

婴儿在 4 ~ 6 个月后，需要添加泥糊状辅助食品，一方面是满足婴儿的营养需求，另一方面是锻炼婴儿的咀嚼能力，以促进咀嚼肌的发育、牙齿的萌出和颌骨的正常发育与塑形，以及胃肠道功能和消化酶活性的提高，同时这也是在为断奶做准备。

（1）辅食添加原则。

1）由流食到固体食物。一般先加流食，如米汤等，然后加半流食，如米粉糊、稀粥等，渐渐增加到固体食物，如饼干等。

2）由少到多。添加食物最初可少喂些，以后逐渐增加，如米粉最初添加1勺，半月后逐渐增加至3勺，蛋黄最初添加1/4，逐渐增加到1/2。

3）由一种到多种。每次只能加1种，经过4～5天，如果婴儿没有出现消化不良或过敏反应，精神、食欲均正常，可再添加第二种，切勿操之过急。

4）选择恰当的时间。添加辅食最好在喂奶之前，因为饥饿时容易接受辅食。如婴儿生病或天气炎热，可暂缓添加，以免引起胃肠道消化功能紊乱。

5）注意卫生。添加辅食最好定时定量，吃的东西要新鲜，注意食品卫生。

6）切忌强迫婴儿进食。

（2）辅食添加顺序，见表7—2。

表7—2　　婴儿辅食添加顺序

月龄	添加辅助食品
4个半月	米粉糊、蛋黄汤
5个月	菜泥、果泥
6个月	蒸蛋羹、肝泥、鱼泥、米糊粥
7～9个月	烂面条、烂面片、饼干、蒸鱼、稠稀饭、碎菜叶、肉末
10～12个月	面条、面片、荷包蛋、馄饨、小蒸包、小水饺、菜叶、肝类

（3）辅食的制作。制作婴儿辅食前，要洗净食材、餐具和双手。制作辅食时，最好不要加香料、味精、盐、糖等调味料，且制作的辅食不要太油腻。下面介绍几种常见辅食的制作方法，仅供参考，见表7—3。

表 7—3 常见辅食制作

食品名称	制作方法
米粉糊	严格按照米粉包装上的用量说明调配，通常 / 标准计量勺米粉配 35 ～ 40 mL 温奶或温水，调成糊状
苹果、胡萝卜、菜水或泥	原料洗净切碎，水与原料混合比例为 2∶1，烧开后改用小火煮 10 分钟。上层为菜水，底层菜或水果捣烂成泥
蛋黄泥	鸡蛋煮熟后取 1/4 个蛋黄，用汤匙压成泥，将蛋黄泥放入少许温开水中拌匀即成蛋黄泥
牛肉龙须面	牛肉、胡萝卜、卷心菜洗净切碎，锅内放少许油，烧热后将牛肉末及碎菜炒熟，用小火焖烂，加水烧开，放适量龙须面煮至面熟，再加少许盐调味
香菇鸡肉烂饭	取小半碗熟米饭，鲜香菇洗净剁碎，鸡脯肉洗净剁成泥状。锅内倒油烧热，加入鸡肉泥、香菇末翻炒，放入米饭继续翻炒并与鸡肉泥、香菇末混匀。锅内加水，大火煮开后改用小火熬成黏稠状

（4）喂食方法。

1）给婴儿洗手、擦嘴，并带上小围嘴。

2）一只手将婴儿抱在怀中，让其坐在自己的大腿上，背靠在臂弯中，另一只手用小汤匙喂送。刚开始喂时，有时婴儿会哭闹，用舌头往外顶，只要耐心坚持，婴儿会逐渐接受。

二、1 ～ 3 岁幼儿的喂养

1 ～ 3 岁幼儿的胃容量从婴儿时期的 200 毫升增至 300 毫升，这个时期的饮食应以食物为主、乳类为辅，饮食的烹调方法及采用的食物也越来越贴近家庭一般饮食。但因幼儿牙齿数目有限，胃肠消化功能仍旧较弱，这种改变应该与其消化代谢功能的逐步完善相适应，不能操之过急，避免造成消化吸收紊乱。幼儿饮食中，必须有足够的热能和各种营养素，各种营养素之间应保持平衡，蛋白质、脂肪与碳水化合物的比例要保持在 1 ∶ 1.2 ∶ 4，由选择易于消化的食物逐渐向谷类、蔬菜、鱼、肉、禽、蛋等固体食品过渡，而且烹调要做到细、软、烂，制作的饮食要小、巧、精。

即便如此，家政服务员仍然需要随时观察幼儿的发育情况及大便情况，如见腹泻或消化不良，应查明原因，及时调整饮食，关键是要培养这一时期的孩子形成良好的饮食习惯。

1．少食多餐

由于幼儿胃容量小，加之好动、易饥饿，应让幼儿少食多餐。1 ~ 2 岁幼儿每天可进餐 5 ~ 6 次，2 ~ 3 岁幼儿每天可进餐 4 ~ 5 次。

2．营造良好的进餐环境

吃饭的地方应清洁、安静，做到固定餐位，固定餐具，吃多少盛多少，防止剩饭；吃饭时嘱幼儿要专心，不能边玩、边走、边吃，为逐步由喂饭转变为幼儿独立进餐创造条件。

3．养成卫生习惯

家政服务员要帮助婴儿养成饭前、便后洗手的好习惯，而且要以身作则，在给幼儿喂饭前把手洗干净。每次喂饭后，要将所用小围嘴洗净晒干。幼儿所食瓜果要洗净，并嘱其少吃生冷食物。

三、喂水

1．婴幼儿补充水分的重要性

水对于婴幼儿体内的生理调节起着非常重要的作用。首先水能调节体温；其次，水还有调节人体消化、吸收、排泄的功能。婴幼儿生长发育旺盛，对水的需求量与成人相比要多得多，每天消耗水分约占其体重的 10% ~ 15%，婴幼儿每天的饮水量与体重有直接关系：0 ~ 1 岁为 100 ~ 160 毫升 / 千克体重，1 ~ 2 岁为 120 ~ 150 毫升 / 千克体重，2 ~ 3 岁为 110 ~ 140 毫升 / 千克体重。正确把握喂水的方法，及时为婴幼儿补充生长发育所需要的水分，是家政服务员料理婴幼儿饮食的必修课。

提　示

水总入量包括奶、汤类食物和水的摄入量。天气热和婴幼儿活动量大时，还应适当增加白开水的饮用量，但不能用果汁或蔬菜汁等代替白开水。

2．喂水的方法

（1）确定水温。婴幼儿宜喝 35 ~ 40℃温开水，夏天可喝凉开水。

（2）把握时机。喂水应在婴幼儿两餐之间进行，水量一次不宜过多，掌握“勤喂少喝”的原则。

（3）复合水分补充。4个月后的婴幼儿在喂水的同时可适当补充一些水果或蔬菜汁。

（4）8个月内婴儿用小奶瓶喂水（方法同喂奶）。8个月后应让婴幼儿学习用杯子喝水，杯子应透明，可以在一旁看到杯内液面。

（5）当婴幼儿不愿意喝水或忘记喝水时，要按时提醒、及时喂水，并想方设法让其喝上水。

相关链接

特色喂水法：1）模仿喂水法，有意识地引导婴幼儿观察大人喝水的动作，并作出模仿示意，自己喝一口，让宝宝也喝一口；2）奖励喂水法，和宝宝做游戏，把喝水作为一种奖励，如谁赢了谁喝水等。

在适当的时候增加饮水量：看一看，婴幼儿的舌苔厚、眼屎多与缺水有关，应增加饮水量；闻一闻，婴幼儿的小便有异味，大便过干、过臭与缺水有关，应增加饮水量；动一动，让婴幼儿多运动，适当消耗体力之后再喂水；婴幼儿出汗较多、发烧腹泻等，应增加饮水量。

3．喂水注意事项

（1）给婴幼儿喂水，水中不宜放糖，也不要给婴幼儿喝饮料，饮料中含添加剂，对婴幼儿健康不利。

（2）饭前不宜给婴幼儿喂水，以免稀释胃液，不利于消化，影响婴幼儿食欲。

（3）睡前不宜给婴幼儿喂水，喝水多了易遗尿，影响睡眠。

（4）用杯子和小勺喂水时，要注意婴幼儿的情绪，不要在婴幼儿笑或哭的时候喂水。

第二节　生活料理

一、照料婴幼儿洗漱

人的皮肤具有调节体温、感受刺激（触觉、温觉、痛觉）、排泄废物（汗腺、皮脂腺开口）、保护身体不受细菌入侵等功能。婴幼儿皮肤由于质地细嫩、皱褶多（颈部、腋窝、腹股沟等处），皮肤排出的皮脂、汗液要多于成人，如不及时清洗，极易感染细菌，引起皮肤不适或病变。

另外，经常为婴幼儿洗澡、增加其洗浴乐趣也便于婴幼儿逐步养成良好的卫生习惯。

1．做好洗漱准备

给婴幼儿洗漱前要调整好室内温度（24 ~ 26℃），备齐清洁用品（见表 7—4）。

表 7—4　　婴幼儿清洁用品配置

用品配置	数量	用途及注意事项
浴盆	1 个	婴幼儿专用
防滑支架	1 个	放在浴盆内，用于盆内防滑
沐浴露	1 瓶	无刺激性婴幼儿专用产品
洗发水	1 瓶	无刺激性婴幼儿专用产品
润肤油	1 瓶	滋润皮肤，婴幼儿洗完澡后使用，也可作为抚触的润滑剂
爽身粉	1 盒	浴后用于颈部、背部、腋窝、腹股沟等皮肤皱褶处
护臀霜	1 瓶	预防尿布疹，臀部清洁后涂抹
大浴巾	2 条	浴后保暖，用纯棉面料浴巾包裹婴幼儿全身
脸盆	1 个	洗脸专用
中长毛巾	3 条	纯棉面料、洗头、洗脸、洗手各 1 条（以颜色或图案区分）
脚盆	1 个	洗脚专用
毛巾	1 条	洗脚专用
小盆	1 个	清洗会阴专用
小毛巾	1 条	擦拭会阴专用
无菌棉签	1 包	清拭外耳道、眼角
婴儿指甲钳	1 只	为婴幼儿修剪指甲
温度计	1 支	测量水温

2．照料婴幼儿洗漱的基本方法

（1）漱口、刷牙。1 岁半之前教婴幼儿漱口，用小口杯装温开水，开始咽下无妨，慢慢地教婴幼儿学会漱后吐出。1岁半之后可教幼儿刷牙。

1）物品准备：漱口杯、牙刷、牙膏、毛巾、清洁盆或痰盂。

2）刷牙程序：漱口杯内加入2/3温开水→牙刷上挤上黄豆粒大牙膏→左手端起杯子含小口水漱后吐出→右手拿牙刷蘸一下水开始刷牙→刷牙时要从里向外竖着刷→牙齿刷干净后喝水漱口→涮净牙刷→用湿毛巾擦净嘴及周围水迹。

提　示

1．开始刷牙时，家政服务员要边示范边教婴幼儿掌握要领，逐渐让婴幼儿自己操作，千万别包办代替。

2．刷牙时，牙刷不能进入口腔过深，以免引起恶心或呕吐。

3．叮嘱婴幼儿刷牙时轻轻刷，以免过于用力，损伤牙龈。

（2）洗手。为较小的婴儿洗手时，先用湿毛巾擦洗手心、手背，再把手指头轻轻地分开，擦净指缝间的污垢；较大的婴幼儿洗手时，大体按以下程序进行：先将其衣袖卷起或推上去→用水淋湿双手→涂肥皂→手心对搓→互搓手背→指缝交叉搓洗→横搓手腕→用清水冲净→用毛巾擦干。

提　示

1．每次饭前便后必须给婴幼儿洗手。

2．1岁以后，家政服务员开始教婴幼儿自己洗手，春、秋、冬季应抹护肤油。

3．边教婴幼儿洗手边讲洗手及节约用水的重要性，帮助婴幼儿养成节约用水的好习惯。

（3）面部五官清洁。口腔清洁方法已在刷牙的内容中作介绍，这里主要说的是眼、耳和鼻腔的清洁。

1）眼的清洁：用1支消毒棉签蘸温开水，用手拧干后由眼的内侧向外侧擦拭，然后换 1 支棉签用同样的方法擦拭另一只眼。

2）耳的清洁：用潮湿的小毛巾只擦耳郭、耳朵背面及耳后，尤其要轻轻擦拭耳后下方皱褶处。

3）鼻腔清洁：婴幼儿如因鼻痂堵塞鼻腔哭闹不安时，可用消毒棉签蘸少量温开水，挤干后轻轻插入鼻腔旋转，将鼻痂卷出。再用棉签蘸香油润滑鼻腔，注意动作要轻柔，棉签千万别插得过深。

（4）洗脸。具体方法如图 7—9 所示。

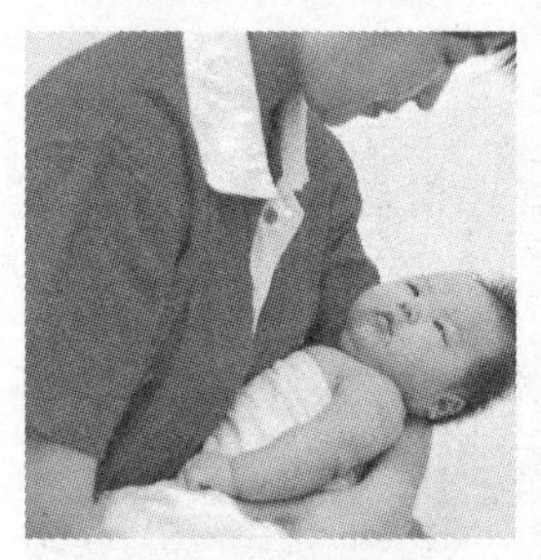

第一步，抱起婴儿：先将柔软小毛巾四面对折后，包裹婴儿，将婴儿抱起。

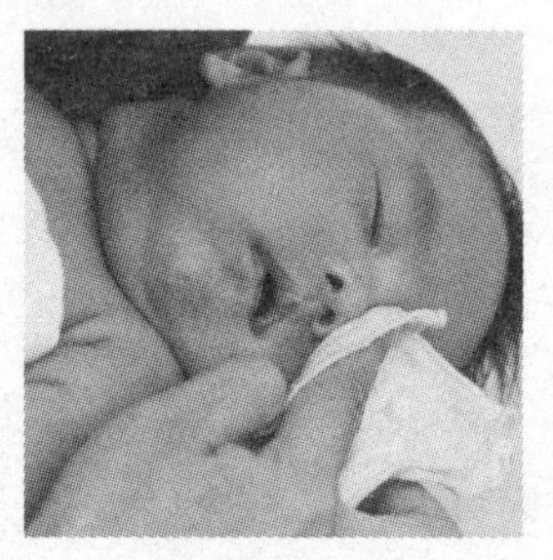

第二步，擦洗左侧：用毛巾一清洁面，由左眼内侧向外擦，再擦左脸颊部。

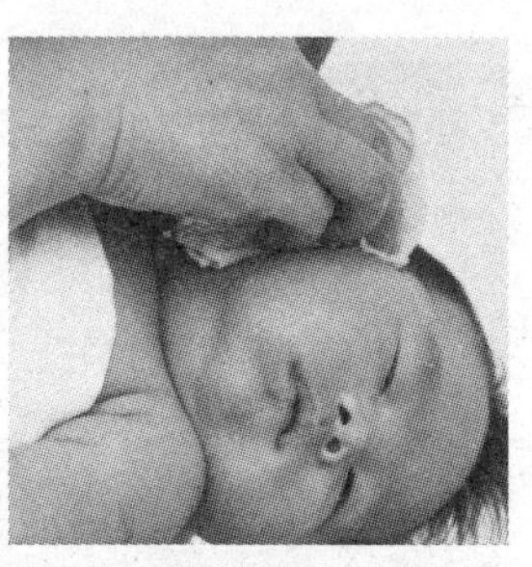

第三步，擦洗右侧：用毛巾另一清洁面，由右眼内侧向外擦，再擦右脸颊部。

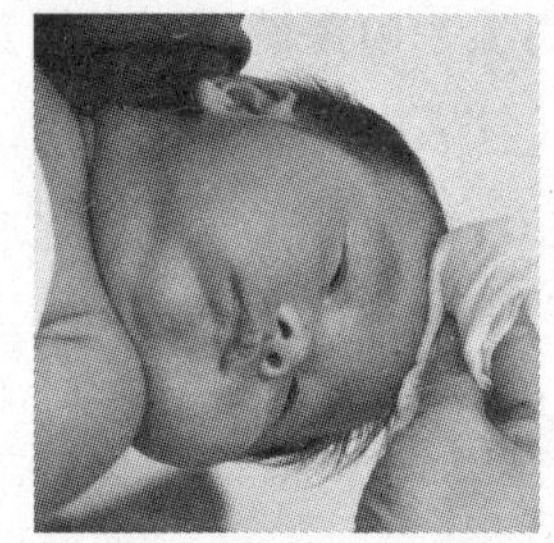

第四步，擦洗前额至发际：将叠好的毛巾打开再对折，用其中一清洁面擦前额至发际。

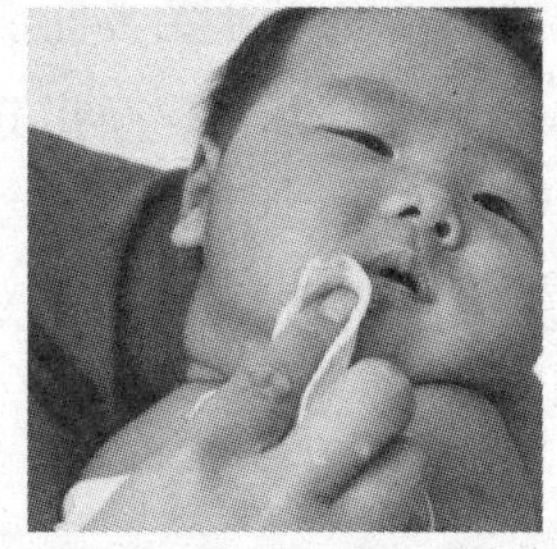

第五步，擦洗口周及下颌：用另一清洁面擦口唇周围及下颌。

图 7—9　为婴幼儿洗脸示意图

随着婴幼儿年龄的增长，为婴幼儿洗脸可逐渐由用脸盆过渡至用流动的自来水。

提　示

1. 给婴幼儿洗脸，要注意压住耳郭，不要让水流进外耳道，也不要使用肥皂类物品，以免刺激婴幼儿皮肤。

2. 洗完擦干后，抹婴幼儿专用护肤霜，以免皴脸。

3. 给婴幼儿洗脸动作要轻柔，逐渐教会他们自己洗脸。

（5）洗头。具体方法如图 7—10 所示。

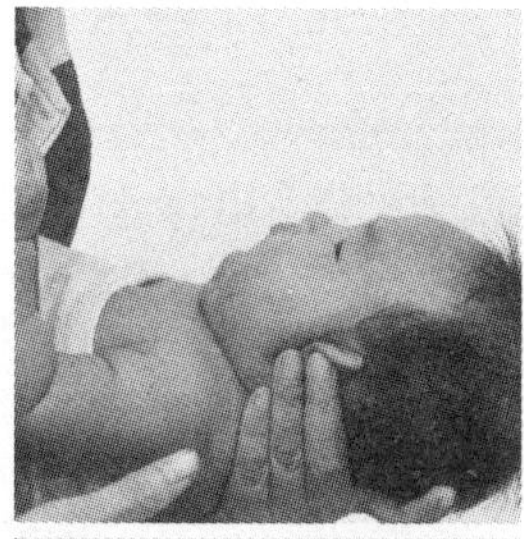

第一步，抱起婴儿：盆中放入适量温水（38 ~40 ℃），家政服务员将婴幼儿抱起，使其仰卧在自己前臂上，左手拇指和中指从枕后压住婴儿耳郭，使其盖住外耳道。

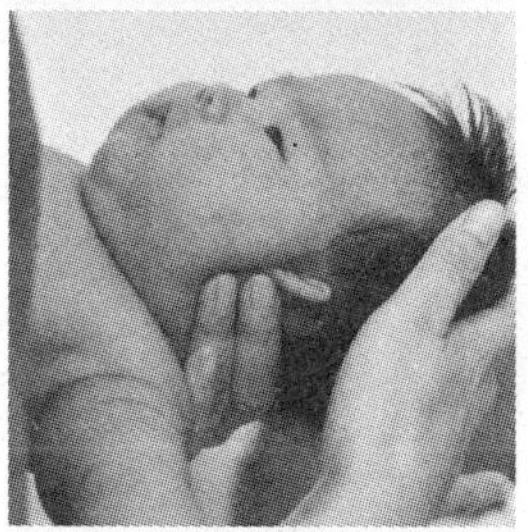

第二步，调整洗头姿势：用左肘臂弯和腰部夹住婴幼儿下肢，右手用小毛巾将婴幼儿头发浸湿，涂少许洗发露轻轻揉搓。动作要轻柔，注意洗发水不要流入宝宝眼里。

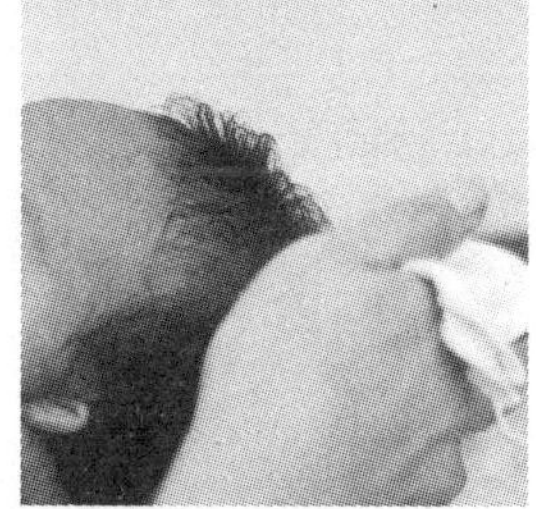

第三步，洗头：用清水冲净头发，再用干毛巾擦干。

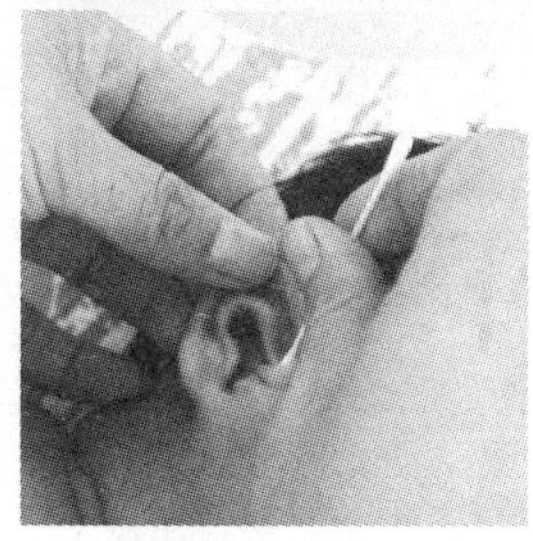

第四步，擦耳孔：用干净的湿毛巾擦脸、颈部、耳后，最后用干棉签擦拭外耳及耳孔周围。

图 7—10　为婴幼儿洗头示意图

提　示

1．先试水温，适宜再洗。

2．动作要轻柔，表情要欢愉，要有鼓励的话语，消除婴幼儿的恐惧心理。

3．一定要托住、夹紧怀中的婴幼儿，以防婴幼儿哭闹时从怀中蹿到盆中或地上。

（6）洗脚。为婴幼儿洗脚，要掌握以下方法和步骤：

1）洗脚盆内放入40℃左右温水，试温后，将婴幼儿双脚放入盆内，水面达到婴幼儿脚踝部位即可。

2）洗脚的步骤：洗脚心→洗脚背→洗脚趾缝→用干毛巾擦干双脚。

提　示

婴幼儿有戏水或双脚蹬水等爱好，此时家政服务员应耐心劝阻，不要训斥。

（7）洗臀部。为婴幼儿清洗臀部，要掌握以下方法和步骤：

1）专用盆内放入40℃左右温水，试温后放入专用小毛巾。

2）将婴幼儿裤子脱到膝盖处。

3）较小的婴儿要将其抱在怀里，托起臀部，如图7—11所示；较大的幼儿可示意其蹲下，将小盆放在宝宝臀下。

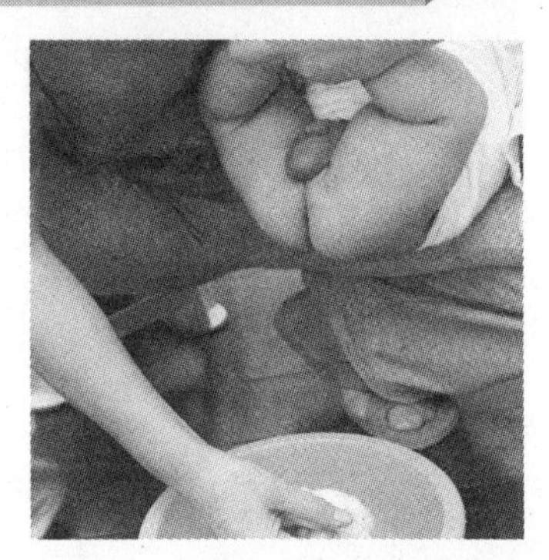

图7—11　给婴儿清洗臀部示意图

提　示

1. 给女婴洗臀部，动作要轻柔，要按照从前往后的顺序先洗会阴部，再洗肛门部位，洗后会阴部不抹爽身粉。

2. 每两周给男婴清洗一次阴茎。清洗时将包皮轻轻往上捋，露出阴茎头，再轻轻将污垢洗去，最后洗肛门部位。

4）家政服务员用空闲的另一只手持小毛巾清洗臀部，其顺序为：两大腿内侧→会阴部→肛门周围。

5）清洗完毕，用柔软、干净的小毛巾将臀部轻轻擦干。如发现臀红或尿布疹应涂护臀霜或5%鞣酸软膏。

6）为婴幼儿穿好裤子。

（8）洗澡。婴儿出生24小时后即可洗澡，最好每天一次，时间安排在上午喂奶之前或晚上睡觉之前。洗澡频率可随季节和婴儿的具体情况而定，如夏天出汗多可每天洗两次，冬季天气寒冷也可 2 ~ 3 天洗一次。

给婴幼儿洗澡的具体方法如下：

1）洗浴物品准备齐全：浴盆、沐浴露、洗发水、大浴巾、换洗衣物等。

2）关闭门窗，室温保持 24 ~ 26℃、水温 38 ~ 40℃，测试水温可用水温计或前臂内测，以感到水不烫为宜。

3）为婴幼儿洗澡前，家政服务员要先把自己的手洗干净，如有戒指，要取下来，以防划伤婴幼儿皮肤。

4）洗澡顺序：洗脸→洗头→洗颈部→洗前胸、腹部→洗两侧腋窝、胳膊、手→洗背部→洗两侧大腿根、大腿、小腿→洗脚。

5）洗澡时间不宜过长，5 ~ 10 分钟为好，洗完澡后迅速将婴幼儿包入大浴巾中保暖并沾干水分。

6）给婴幼儿穿好衣服，喂少许温开水。

提　示

1. 向浴盆内注水应先放凉水后加热水，尤其不能一手抱孩子一手倒水，一定要先测试水温再将孩子放入盆中。

2. 婴儿如有湿疹，水不要过热，也不要用肥皂、沐浴液和洗发水。

3. 给年龄大些的婴幼儿洗澡时，可在浴盆内放些塑料玩具，以增加孩子洗澡的乐趣。

4. 为婴幼儿洗澡时，家政服务员应保持微笑，并与孩子进行语言和情感交流。

二、给婴幼儿穿脱衣服

1. 检查服装

给婴幼儿穿衣服前，家政服务员要从安全角度对服装进行检查，看衣服面料是否柔软透气、纽扣是否松动、衣带是否存在缠绕危险、挂件饰物等是否安全、衣服鞋帽是否合身，过小容易勒住孩子，过大容易绊住孩子，手伸不出影响活动等。如发现安全隐患，要及时提醒客户纠正。

2．给婴幼儿穿脱衣服的方法

给婴幼儿穿脱衣服前要关好门窗，避免婴幼儿受凉感冒；家政服务员要洗净双手，剪短指甲，并提前将衣服准备齐全，按顺序放好。

给婴幼儿穿脱衣服时动作一定要轻柔，以免擦伤婴幼儿的皮肤，或造成关节脱臼，同时要面带微笑，边穿脱衣服边讲衣服名称、用途，并不时地加以鼓励和表扬，使婴幼儿养成勤换衣服、爱清洁的良好习惯。

（1）穿、脱前开衫的方法。给婴幼儿穿、脱前开衫的方法如图 7—12 和图 7—13 所示。待婴幼儿可以坐起时，可将其靠在自己胸前，为其穿脱衣服。

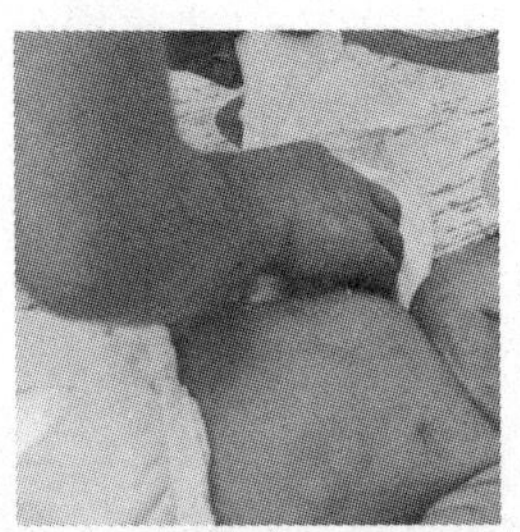

第一步，将衣服打开，平放在床上，让婴儿躺在平放好的衣服上。

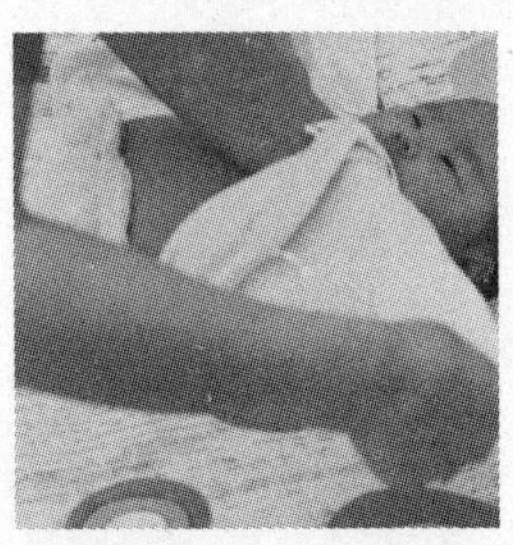

第二步，家政服务员先将自己一只手从袖口伸进去，抓住婴儿一只手，然后用另一只手将衣袖一点点地往上拉。然后以同样的方法给婴儿穿对侧的衣袖。

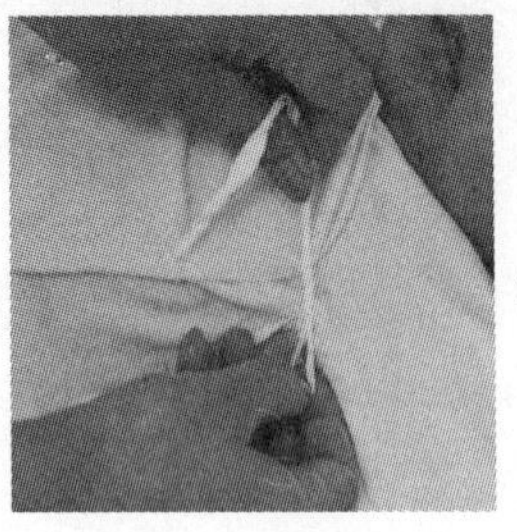

第三步，把穿好的衣服展平，系好带子或扣好扣子。

图 7—12　给婴儿穿前开衫示意图

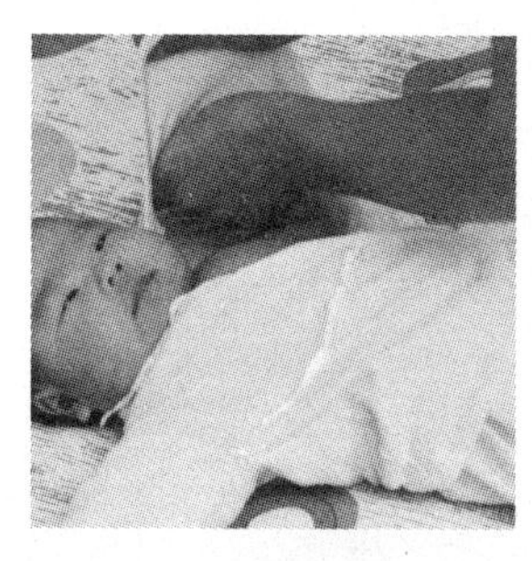

第一步，让婴儿平躺在床上，将带子或纽扣解开，一只手从一只袖笼中抓住婴儿的肘部，使婴儿胳膊弯曲，另一只手抓住袖口往外拉，把袖子褪下来。

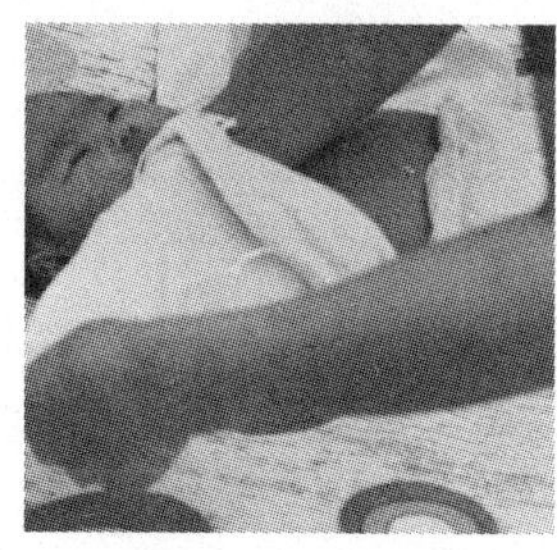

第二步，用同样的方法，将对侧袖子褪下来。

图 7—13　给婴儿脱前开衫示意图

（2）穿、脱套头衫的方法。给婴儿穿、脱套头衫的方法如图 7—14 和图 7—15 所示。待婴幼儿可以坐起时，可将其靠在自己胸前，为其穿脱衣服。

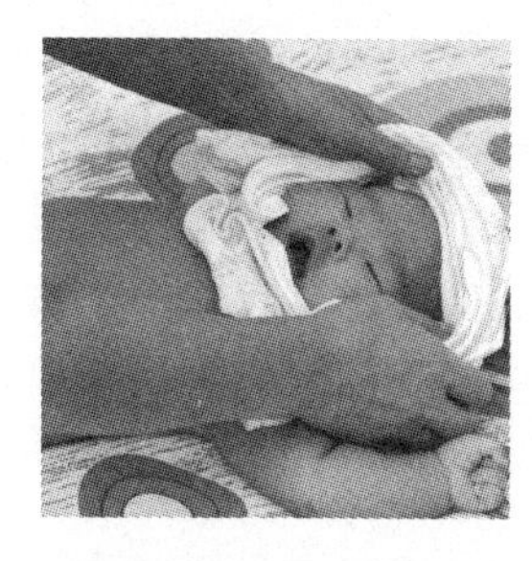

第一步，家政服务员把套头衫拿起来，两手将领口处撑开，从婴儿的头顶套入。

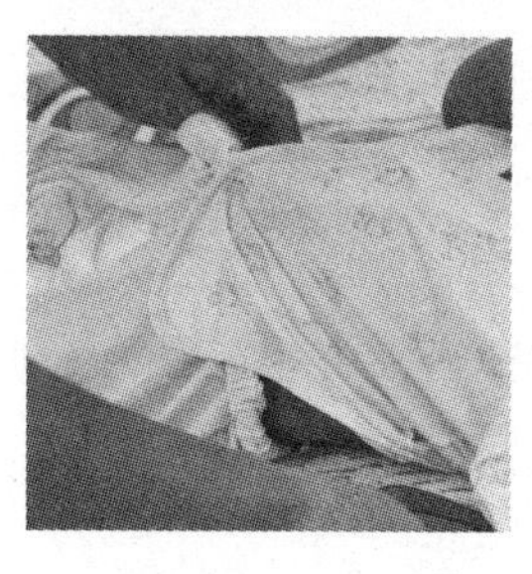

第二步，将套头衫领口从头上套下一直拉到婴儿的下巴处，再将套头衫袖口撑开，将婴儿的小手轻轻地套入袖笼里，待两只手都穿进袖子后将套头衫拉下来整理好。

图 7—14　给婴儿穿套头衫示意图

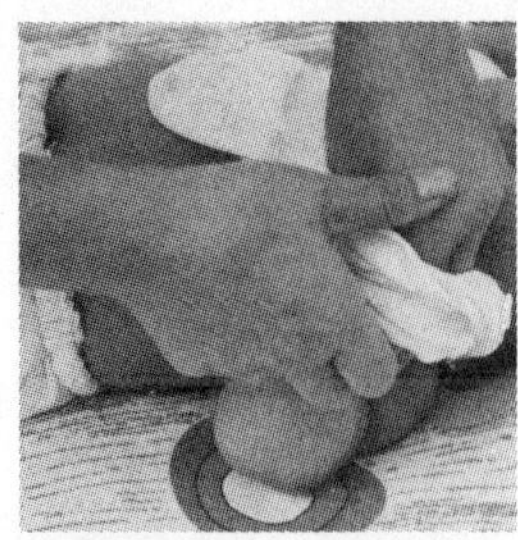

第一步，让婴儿平躺在床上，用一只手伸进一侧袖笼里拉住宝宝肘部，另一只手抓住该侧袖口向外拉，将一侧衣袖褪下。用同样方法将另一侧衣袖褪下。

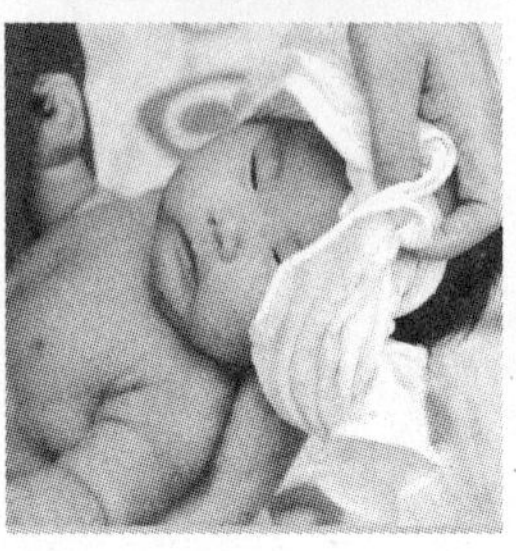

第二步，两只手抓住套头衫领口，从婴儿的面部脱至后脑勺，然后一只手抬起婴儿的头，另一只手把衣服脱下。

图 7—15　给婴儿脱套头衫示意图

提　示

穿套头衫时一定要避免堵住婴幼儿的口、耳、鼻。

（3）给婴幼儿穿脱裤子的方法如图 7—16 和图 7—17 所示。

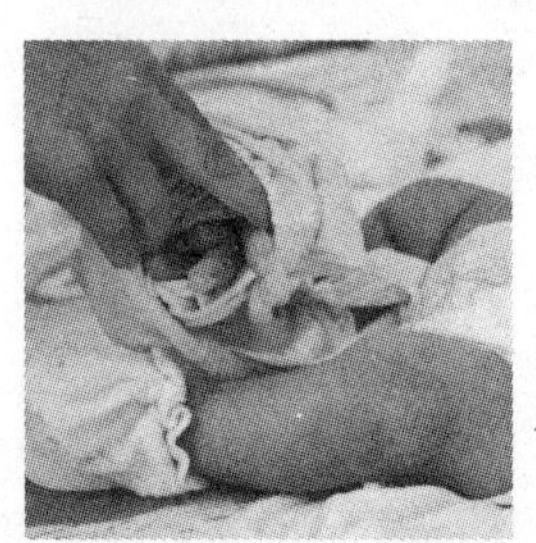

第一步，家政服务员先把一只手从裤脚沿裤筒伸进去，另一只手握住婴儿的一只脚放在已伸入裤筒中的手中，然后将婴儿裤子一点一点往上拉。用同样的方法再穿另一侧裤筒。

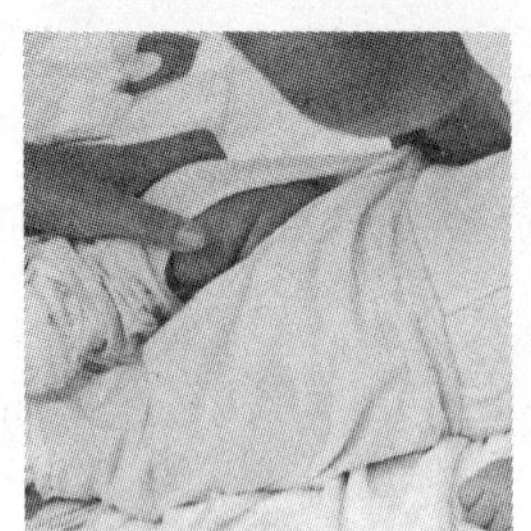

第二步，将婴儿屁股稍稍抬起，双手将裤腰提至婴儿腰部。

图 7—16　给婴儿穿裤子示意图

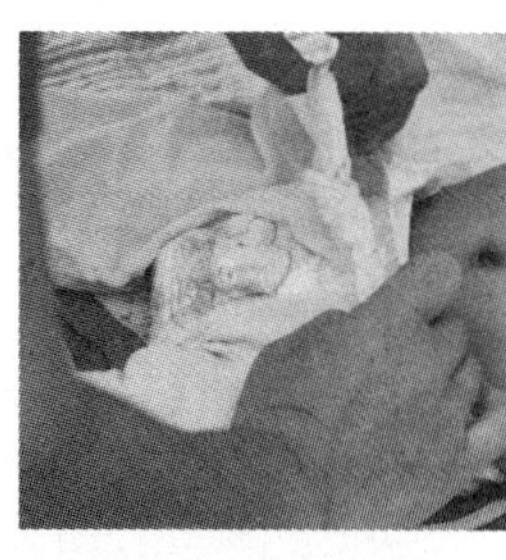

第一步，家政服务员先将婴儿裤子从腰部褪下。

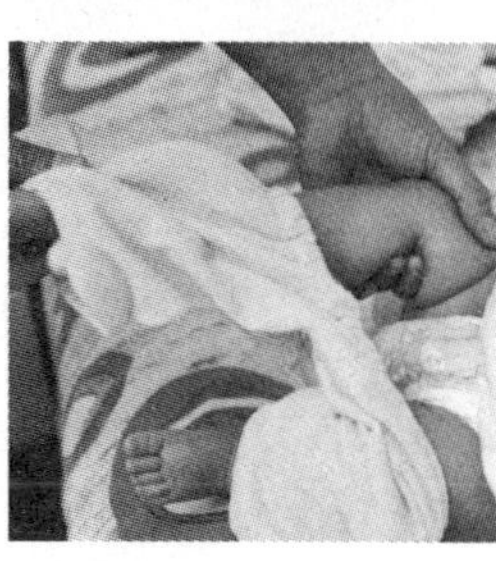

第二步，一只手握住婴儿的大腿，另一只手拉住婴儿的裤脚将该侧裤腿褪下，用同样的方法褪下另一侧裤腿。

图 7—17 给婴儿脱裤子示意图

相关链接

给婴幼儿洗涤衣物的注意事项：

（1）婴幼儿脱下的衣服要单独清洗，不要和成人衣服混在一起洗。

（2）清洗衣物不要用洗衣粉，以免漂洗不干净，刺激宝宝的皮肤，应选用中性肥皂、皂液等。

（3）衣物搓洗干净后，用水漂净，置阳光下晾晒消毒。

（4）沾有屎和尿的衣服最好用开水烫洗一次。

三、抱、领婴幼儿

由于婴幼儿骨骼柔软，发育尚处于不完善期，况且他（她）们在开始学习走路时又没有丝毫的安全意识，所以在抱起、抱住、放下、搀扶、照看等每一个环节都要特别小心，保证安全。对此，家政服务员不仅要有充分的思想准备，更要掌握一定的抱领技巧和方法。

1．抱婴幼儿

（1）抱婴幼儿的方法如图 7—18 所示。

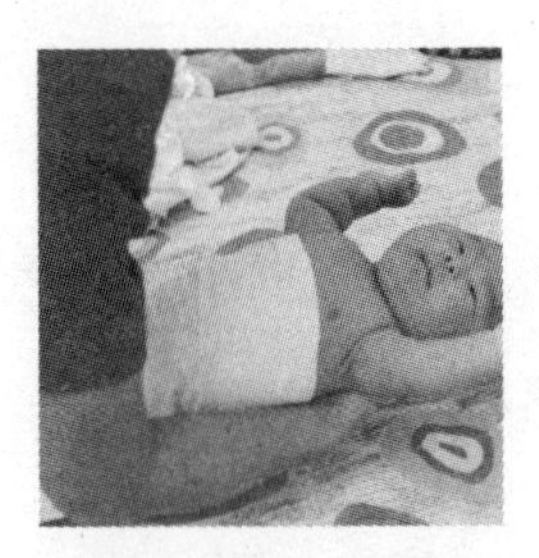

抱起婴幼儿：家政服务员将一只手伸到婴幼儿颈下托起头部，另一只手环绕托住臀部，两手同时用力上抬，将婴幼儿稳稳地抱起。

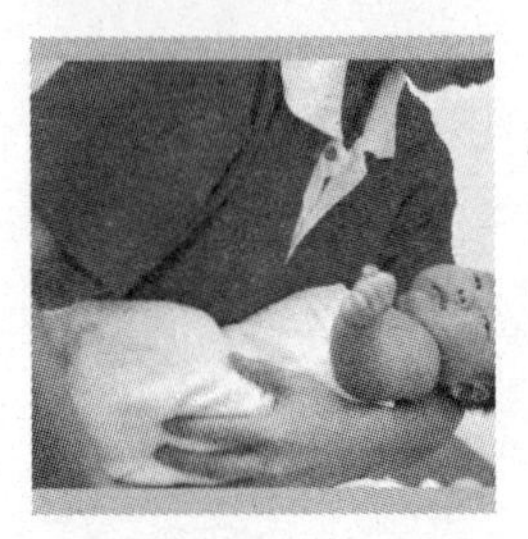

怀抱婴幼儿的姿势：对于不足3个月的婴儿，家政服务员抱起宝宝后，一只肘关节约呈80°角，将婴儿头放在肘弯处，用前臂轻托背部，手托臀部，使婴儿紧靠怀中，另一只手可喂奶、喂水。抱住3个月以上婴幼儿的姿势，可使其头部处在肘弯处位置略高的地方，双手在其背与臀部叠在一起、交叉至腕部。

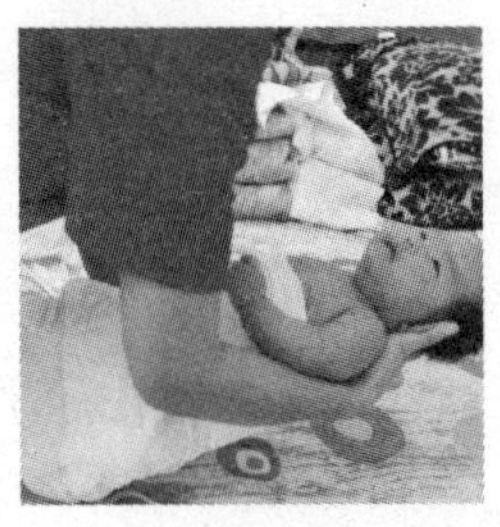

放下婴幼儿：将婴幼儿轻轻抱离身体，先弯腰放下婴幼儿身体后半部，再放下上身和头部，最后抽出双手。

图7—18　抱婴幼儿示意图

（2）抱婴幼儿时应注意以下几点：

1）抱起或放下婴儿时，不仅要动作轻柔、平稳，还要和婴儿进行情感交流。

2）抱2个月内婴儿时，注意扶好头部，让其头部位置略高一点，以防溢奶。

3）抱3个月以上婴幼儿时，一定要扶住背部，防止婴儿突然上窜，导致失手摔伤。

4）怀抱婴幼儿一定要站在安全位置，千万不要打开窗户，站在窗户边看风景。一是防止婴幼儿从怀中突然挣脱发生意外；二是形成习惯后，一旦婴幼儿能行走，很容易自己爬上窗台，那样发生意外的可能性就大了。

2．领婴幼儿

婴幼儿开始学习走路时，家政服务员一定要搀扶，尤其上楼梯或上台阶时，要尽量搀扶，保持婴幼儿身体平衡，以防摔倒；婴幼儿学会走路后，家政服务员领婴幼儿时一定要攥住婴幼儿全手掌而不是几个手指头。

领婴幼儿时应注意以下几点：

（1）家政服务员领婴幼儿时应面带微笑，动作轻柔，不能使劲拽孩子的小手，以免造成腕关节脱臼。

（2）领婴幼儿行走时，要顺着婴幼儿的步幅和速度，并将婴幼儿置于安全一侧。

（3）乘公交车或进入公共场所，要牢牢牵住婴幼儿的手，绝不能让其独自游戏，更不能托付给陌生人看管。

（4）过马路时，不仅要牵牢婴幼儿的手，还要教给他们识别红绿灯、斑马线等交通标识、标记。

提　示

家政服务员领婴幼儿过马路要遵守绿灯行、红灯停、走人行横道、走过街天桥或地下通道等交通规则，帮助他们从小养成遵守交通规则的好习惯。

四、照料婴幼儿大小便

婴幼儿大小便要经历由随意到能控制的过程，期间需要对其进行细心周到的照料，如更换纸尿裤、尿布，清洗和护理臀部等。由于婴幼儿皮肤娇嫩，尿布湿了须及时更换，有了粪便应及时清洗。

1．了解尿布种类及特点（见表 7—5）

表 7—5　　尿布的种类及特点

尿布种类	规格	优点	缺点	说明
纸尿布	多为长方形	使用方便无须清洗，省时省力	使用一次丢弃，费用高	
布尿布	长方形、三角形	柔软、吸水性强，可使用旧布料制作	费时费水，如更换不及时，易污染裤子及包被	可以根据客户家的情况，这里对布尿布的规格不作具体设定

续表

尿布种类	规格	优点	缺点	说明
纸尿裤	型号与体形相符	胯裆处皱褶为双层结构，可防止大便溢出，外出使用方便	透气性差，易发生臀红、尿布疹等	

2．正确使用不同种类的尿布

（1）正确使用纸尿布。纸尿布多为新生儿使用，使用时将纸尿布平铺于床上，顺好上部系带，将婴儿臀部对准纸尿布，然后将尿布下部从裆内翻上小腹，最后用系带系住，如图 7—19 所示。

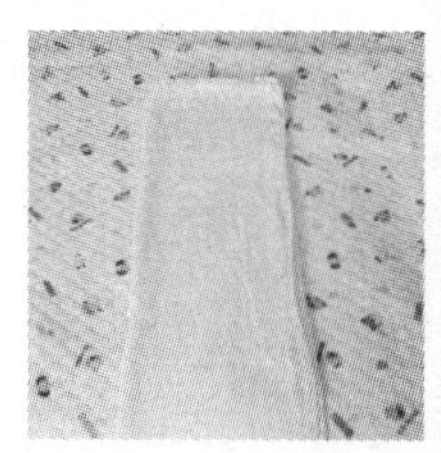
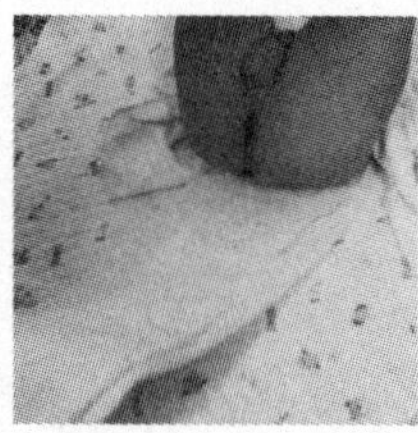
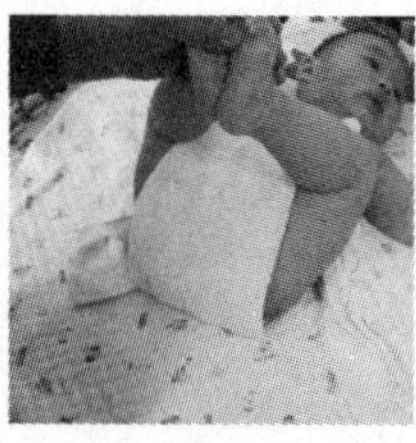
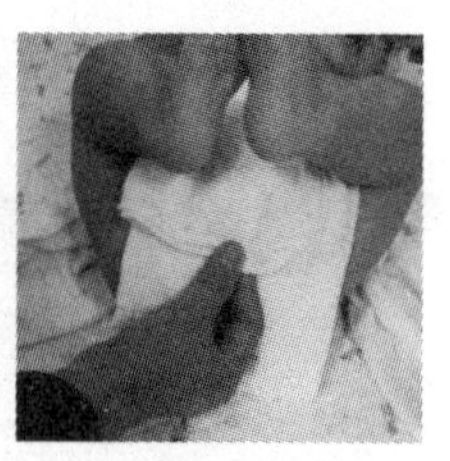

图 7—19　正确使用纸尿布示意图

（2）正确使用布尿布。长条尿布垫在里面（男婴将尿布前面反折一下，女婴将尿布后面反折一下），三角形尿布包在外面。布尿布的折叠方法如图 7—20 所示。

图 7—20　折叠布尿布示意图

布尿布的更换方法：

1）让婴儿平躺在床上，轻轻抬起两脚踝和臀部，撤下脏尿布，垫上折好的干净尿布。

2）把长方形尿布骑在婴儿裆内，三角形大尿布先将一侧腰部角折到婴儿腹部对侧掖到腰下，再将尿布的顶角从裆内翻上，最后将另一侧腰部角折到对侧，掖到腰下。

（3）正确使用纸尿裤。选择吸湿性强、型号合体的纸尿裤（不建议长期使用）。纸尿裤的更换方法如图 7—21 所示。

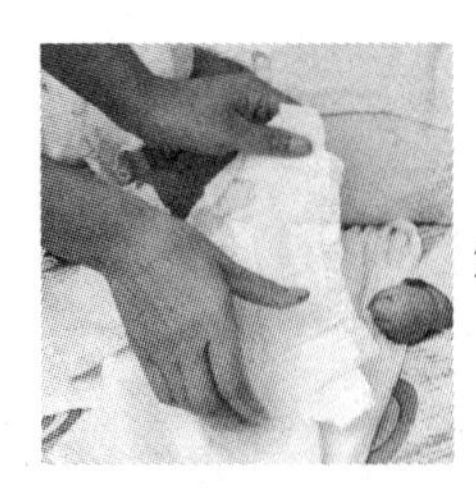

第一步，将干净纸尿裤打开，分清前后。

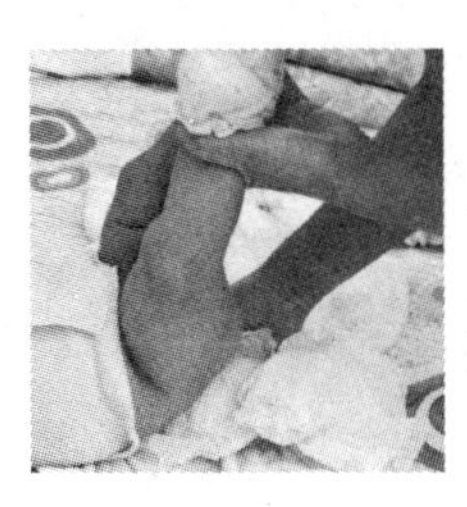

第二步，婴儿平躺在床上，家政服务员左手抓住婴儿双脚，将其合拢提起，右手抽出脏纸尿裤，如有粪便，要先洗净臀部，然后再放在干净纸尿裤上，将贴条贴好。

图 7—21　纸尿裤更换方法

3．洗尿布的方法

（1）只有尿液的尿布，用清水漂洗干净后，用开水烫一次，置于日光下晒干。

（2）清洗染有粪便的尿布程序为：清水浸湿→专用刷子去除粪便→清水冲洗→盆内水倒掉→用中性肥皂搓洗→温开水烫→水稍凉后搓洗→清水漂洗干净→开水烫→日光晒。

（3）尿布长久使用会发硬，可用少许白醋兑温水，将尿布浸泡搓洗，再用清水冲洗干净，在日光下晒干。

提　示

1．换尿布前先将干净尿布、小盆、毛巾等准备齐全，天冷时要关好门窗，并将手搓热。

2．清洗婴儿臀部时，女孩从前往后洗，男孩阴囊皱褶处要洗干净。

3．换下的尿布，可根据客户要求，需及时清洗的立即清洗，无具体要求者可积攒几块后一起洗涤，这样可节约用水，也节省时间。

4．培养婴幼儿良好的排便习惯

对 2 ~ 8 个月婴儿，其睡醒后，不管排便与否，先把宝宝大小便；8 个月以后可扶着宝宝坐便盆，并伴以“嘘嘘”或“嗯嗯”的声音，诱导排便。如此天天坚持、反复练习，逐步养成婴幼儿定时排便的习惯。

对 1.5 ~ 2 岁婴幼儿，应培养其主动坐盆的习惯，2 岁以后可让宝宝自己坐盆。注意每次便后要将便盆清洗干净。

便后要给婴幼儿洗手，有意识地帮助婴幼儿养成便后洗手的好习惯。

5．注意事项

照料婴幼儿大小便时应注意以下几点：

（1）更换尿布要一气呵成，尽量紧凑，不要脱节，所以要提前准备足够数量的尿布。

（2）尿布要及时更换，以保持婴幼儿臀部干爽要经常注意宝宝臀部清洁卫生，发现臀部潮红可涂抹护臀霜或 5% 鞣酸软膏。

（3）训练婴幼儿大小便应有耐心，只要婴幼儿有点滴进步就要鼓励表扬。偶有意外拉或尿到裤内，也不要训斥或责怪孩子。

五、玩具的清洗与消毒

玩具是每个婴幼儿的伴侣，也是照料婴幼儿的辅助用品，与婴幼儿成长密不可分。由于玩具直接与婴幼儿身体接触，包括触摸、玩耍、抱拥，有时甚至啃咬，所以，在选择玩具的时候，应注意其安全性，让宝宝好拿好握，且光滑易清洗；在使用玩具的时候，要经常清洗和清洁，最好每周集中清洗一次；婴幼儿生病（如发烧、腹泻）期间玩耍的玩具，或与其他小朋友交换玩耍后的玩具，不仅要清洗，还要消毒。

1．清洗与消毒玩具的方法

（1）准备小盆、小毛巾等，将要清洁的玩具集中起来。

（2）干净盆内加温水，将集中起来的玩具放入盆中浸泡 20 分钟。

（3）用干净的小毛巾擦洗或用手搓洗玩具表面的污物。

（4）洗涤后的玩具再用清水冲洗一遍，最后用小毛巾擦干或晾干。

（5）电动类玩具先用干净湿布擦拭，再用酒精棉擦拭，最后晾干。

（6）对于需消毒的玩具，其消毒程序为：将玩具清洗干净→在3%“84”消毒液中浸泡30分钟→用清水刷洗2～3遍→用小毛巾擦干→置于日光下晾晒。

2．选择和清洁玩具的注意事项

（1）家政服务员应提醒婴幼儿家长，选择适合婴幼儿年龄段的安全玩具，有可能对婴幼儿身心产生直接或潜在伤害的玩具不能拿给宝宝玩，见表7—6。

表7—6 不宜选择的玩具

玩具种类	缺陷及危害
绒毛类玩具	不易清洗，时间长了易滋生螨虫、细菌
附有毛发、长绳的玩具	易缠绕手指和颈部
有尖、易碎的玩具	易损伤手、眼睛和面部
颜色过重的油漆面玩具	含铅量高，对婴幼儿健康不利
噪声过大的玩具	会惊吓婴幼儿

（2）婴幼儿玩具应集中收纳，随玩随取，玩后加以整理归位收纳。

（3）清洗玩具讲究完全、彻底，包括沟槽缝隙都要清洗干净。

（4）凡能放在太阳下暴晒的玩具，清洗后尽量放在日光下晾晒，以达到消毒目的。

（5）一次不要拿给宝宝太多玩具，应按年龄和接受程度适时提供不同玩具。

第三节　异常情况的预防与应对

一、预防意外的发生

家政服务员进入客户家庭照料婴幼儿，以下三种突发或异常情况是比较容易出现的：

一是婴幼儿不具备安全和自我保护意识，蹦蹦跳跳、乱摸乱动而发生外伤或烫伤。

二是由于外部条件的变化和婴幼儿体征变化而出现异常，如突发高烧、惊厥等。

三是家中发生意外，如水、电、火险等而危及家庭和婴幼儿的安全。

出现类似情况，家政服务员要沉着、冷静，在先期作出合理处置的同时，及时呼救、报警，以免酿成更大的事故和损害。

1．警惕疾病征兆

家政服务员必须具备高度的责任心，耐心、细致地观察婴幼儿的一举一动、一颦一笑，通过观察及早发现婴幼儿的异常情况，我们可以从以下六个方面作一比较，见表7—7。

表7—7　婴幼儿正常、异常表现情况对照表

表现	正常	异常
啼哭声音	当婴幼儿饥饿、憋便或愿望得不到满足时，会用清脆、响亮、悦耳的哭声表达，这时只要给其喂奶、换尿布或满足她（他）的需要就会使其安静入睡或破涕为笑	若哭声不停，无论喂奶、喝水、吃糖果、玩玩具等，都不能终止哭闹，说明有异常情况
精神状态	面色红润，眼睛有神，正常玩耍，好动，大人逗笑时表情丰富	面色苍白，眼睛无神，不玩不动，表情淡漠，好睡觉，大人逗笑时无反应
食欲表现	保持日常进食习惯，维持原有进食量，看见大人喂自己吃饭时表现主动，甚至拉着大人的手往自己嘴里送	吃奶不吮吸，喂饭不张嘴，勉强吃少许东西就恶心甚至呕吐
睡眠情况	入睡后安静放松，呼吸均匀，头部略有微汗，时而出现微小的表情变化。正常婴幼儿一天大体的睡眠次数和时间可参考表7—8	睡眠时间减少或增加，睡间躁动不安宁，经常翻身易惊醒，夜间持续出汗，皮肤干燥发烫，呼吸急促、声音加重等，均属不正常睡眠

续表

表现	正常	异常
大、小便特征	婴儿期一般日大便次数较多，最多7～8次，这属于正常现象。大约三周后，大便次数会逐渐变得有规律，颜色呈棕黄色。母乳喂养的婴幼儿大便较为稀软，人工喂养的婴幼儿大便柔软，呈固体状。婴儿期新鲜尿液无色透明，有淡淡的芳香味，放置一段时间后，尿素分解为氨，会出现明显氨臭味；幼儿期新鲜尿液淡黄透明，放置较短时间就会出现氨臭味	大便次数减少或增多，便稀、有黏液或有稀水，或呈蛋花样稀便；小便次数减少，尿量减少，颜色发黄
呼吸变化	呼吸均匀、平静	呼吸急促、快而浅或呼吸深、不规则，严重呼吸异常甚至出现憋气、面色青紫、口唇发紫

表7—8　不同年龄婴儿一天睡眠次数和时间

年龄段	次数	白天持续时间（小时）	夜间持续时间（小时）	合计（小时）
新生儿	每日16～20个睡眠周期，每个周期0.5～1小时			20
2～6个月	3～4	1.5～2	8～10	14～18
7～12个月	2～3	2～2.5	10	13～15
1～3岁	1～2	1.5～2	10	12～13

总之，婴幼儿年龄小，身体发育尚未成熟，家政服务员照料过程中必须密切观察，对异常情况做到早发现、早诊治，不可存有“等等看”的侥幸心理，以免贻误时机。如发现情况异常，没有十分把握，千万不要凭“经验”自行处理或盲目处置，要通知家长，及时送医院诊治。

2．预防事故发生

家政服务员在护理婴幼儿时，要紧绷安全防护这根弦，注重做好事故的预防。表 7—9 中列举了家庭中婴幼儿容易发生的事故及预防措施，仅供参考。

表 7—9　　婴幼儿易发事故及其预防措施

易发事故	预防措施
摔伤	1. 婴幼儿上下楼梯要有人搀扶 2. 有台阶的家庭不宜使用学步车 3. 避免把婴幼儿单独放在成人床上 4. 幼儿骑童车时要戴好安全帽、护肘 5. 避免把梯子等放在幼儿能触到的地方 6. 地面采取防滑措施
常见外伤	1. 家具加装护角 2. 电源插座要遮挡 3. 家中打火机、暖水瓶、剪刀、小刀等要放到婴幼儿碰不到的地方 4. 带领婴幼儿外出不能只顾大人聊天而放任孩子自己游玩等
烫（烧）伤	1. 教育幼儿不玩打火机、火柴，不动暖水瓶、开水等热源 2. 将容易烫伤婴幼儿的热源，如暖水瓶、热锅等物品，放在婴幼儿不易触及的地方 3. 拧紧热水袋瓶盖，防止热水流出烫伤皮肤 4. 热水袋水温应小于 60℃，外包布或毛巾，使用时不要离身体太近 5. 避免抱着婴幼儿进行倒热水、做饭、端热锅或热碗等危险动作
误服药品等	1. 不要将药品、化学品、消毒剂、杀虫剂等放在婴幼儿能够触到的地方 2. 告诉幼儿误服药品的危害

提　示

婴幼儿一旦误服药品或有害物品，应立即送医院就医。

二、应对紧急情况

1．呼救与通报

（1）电话呼救。

1）婴幼儿发生异常或意外情况，家政服务员应在第一时间电话告知婴幼儿家长。此时的告知要如实、简洁，为争取时间，不要附带任何的掩饰或责任推脱，并悉听家长意见。

2）将 110（人身安全意外报警电话）、120 或 999（医疗急救报警电话）、119（火警报警电话）等熟记在心，紧急时根据相应情况及时、准确拨打。报警或求救时，一定不要慌乱，尽量说清楚事发地点（如所在区、街道、路别、门牌或楼号、单元、楼层、室号等）、报案人姓名、联系电话等，以求得及时救助。

（2）人群呼救。

1）紧急和意外情况发生时，如没有电话之类的通信工具可利用，可用高声呼救的方式获得邻里和他人的帮助。

2）在尚未得到援救之时，家政服务员先要保护好孩子，其次要保护好现场，以方便对异常或意外情况的正确施救和处置。

2．急救与处理

表 7—10 中列举了几种常见外伤的急救与简易处置办法，供家政服务员借鉴。

表 7—10　　常见外伤的急救与处理

伤情	原因分析	简易处置办法	注意事项
鼻出血	摔倒后鼻子受到撞击、好挖鼻孔、春秋天气干燥引起鼻黏膜干燥等	1. 婴幼儿一旦出现鼻出血，家政服务员首先要镇静，将宝宝揽入怀中进行安慰，鼓励宝宝不要害怕 2. 将宝宝的头向前微低，用无菌棉球堵塞鼻孔或用拇指和食指捏住两侧鼻翼 5 ~ 10 分钟，同时用冷湿毛巾敷在额头和鼻子周围，帮助止血	如采用常规方法仍不能止血，应建议家长急诊就医 如果婴幼儿经常流鼻血、面色苍白，也应建议家长就医检查，以找出病因，及时治疗

续表

伤情	原因分析	简易处置办法	注意事项
鼻出血		3. 切忌让婴幼儿仰卧或抬头，否则会使鼻血流向咽部，血量多时还可能引发窒息	
浅表外伤	多因磕碰摔倒所致，多见于前额、鼻尖、手掌、肘部、膝关节等处	1. 家政服务员首先要对婴幼儿进行安抚，再仔细检查伤口，如仅损伤表皮，出血量少，可自行处理；伤口较大、较深、出血量多，应到医院处置 2. 轻度表皮损伤处理步骤：用凉开水或淡盐水、无菌棉签洗净伤口周围皮肤→用双氧水冲洗伤口→用无菌棉签蘸75%酒精由里向外消毒伤口周围皮肤→让伤口自然干燥。3 ~ 5天内不沾水就可愈合	1. 冲洗伤口周围皮肤时，污水不要流入伤口 2. 如伤口内有泥沙、污物，一定要冲洗干净，否则易引发伤口发炎、化脓 3. 切忌在伤口表面贴创可贴，因创可贴吸水性和通气性较差，不利于创口分泌物的引流，反利于细菌的生长繁殖，使伤口及周围的皮肤发白，导致继发感染 4. 伤口处理2 ~ 3天后，若出现红肿或有渗出液，应提醒家长去医院处置
扭伤（软组织损伤）	多见于婴幼儿行走时踩空，扭伤脚踝关节（俗称脚脖）或摔倒时手腕扭伤	1. 家政服务员首先要对扭伤作出正确判断：扭伤无表皮破损，局部有疼痛红肿、青紫等表现，轻微扭伤，婴幼儿能站立、能行走 2. 确定扭伤后将婴幼儿抱到床上，让扭伤患肢抬高，并对宝宝进行抚慰 3. 先对扭伤处进行冷敷，24小时后局部仍有红肿，可改热敷。操作方法及作用见表7—11 4. 局部做完热敷后，可涂抹活血化淤的中药，如正红花油等，促进血肿吸收	1. 对扭伤的判断首先要明确，如确定不了应先去医院确诊，按医嘱进行护理 2. 扭伤后尽量让患儿卧床休息，这时可根据婴幼儿年龄及其喜好，为其讲故事、一起做游戏等 3. 密切观察伤情变化，如局部疼痛严重或有其他异常情况，应及时去医院诊治

续表

伤情	原因分析	简易处置办法	注意事项
摔伤	多因跌倒、跌落或是被秋千、球棒重击所致，常见于头部、四肢	1. 首先检查是否有意识障碍、有无出血伤口或血肿，当手脚不能动，一碰就疼得哭出来时，检查是否有骨折或脱臼 2. 当出现无意识、连续呕吐、惊厥（抽风）时，不要惊动婴幼儿，在救护车来之前，让婴幼儿保持平躺不动 3. 呕吐时，让婴幼儿脸朝侧面躺，避免呕吐物堵塞气管 4. 伤口较大、大量出血时要用干净毛巾盖在伤口上按住，立即送往医院 5. 出现肿包时，伤后 24 小时内可用湿毛巾冷敷	1. 出现以下情况必须立即送医院： 1）摔伤后浑身无力、意识丧失 2）胸腹部受到猛烈撞击、出现面色异常、呕吐 3）摔倒后尿血 4）摔伤的部位不能动，一碰就哭 5）摔伤的地方肿得很严重 6）有大的伤口，大量出血 2. 注意观察摔后情况： 1）当时未发现异常，但过后出现表情呆滞、全身无力、经常呕吐等症状时要马上送医院 2）摔伤后当天不要洗澡，避免外出及户外玩耍，要密切观察其脸色及精神状况有无变化
烫伤	1. 大人看护不当，没有集中精力照料婴幼儿 2. 冬天家中有取暖炉，而没有围设护栏，婴幼儿不小心磕碰到取暖炉上	1. 对轻度烫伤的简易处理：轻度烫伤创面较小，皮肤红肿，此时应先将婴幼儿抱起，拧开自来水管，用凉水冲洗烫伤部位 20 分钟。其目的是冷却皮肤，缓解疼痛，减弱红肿程度，防止形成水泡，然后视情况，待观察或去医院诊治	1. 发生烫伤后，家政服务员不要惊慌失措，要一边安抚宝宝，一边查看伤情，以考虑实施合适的处理措施 2. 冲洗或浸泡烫伤部位时不要用手搓，如果已形成水泡不要挑破 3. 烫伤表面不要涂抹任何药膏或药水，更不能涂抹碱面、酱油等 4. 及时和家长联系，必要时直接拨打 120 或 999，到医院诊治

续表

伤情	原因分析	简易处置办法	注意事项
烫伤		2. 对中度烫伤的简易处理：烫伤面积大，皮肤不仅红肿还会起水泡，皮肤破裂溃烂，现出真皮并渗出血迹及其他液体等，为中度烫伤。此时，应将冰块放入盆中，再加入流动自来水，将婴幼儿烫伤部位浸入盛有冰水的自来水中泡 20 ~ 30 分钟，在此过程中迅速联系家长送医院处理	

表 7—11　　局部冷敷、热敷操作方法及作用

理疗方法	操作方法	理疗作用
冷敷	用两块毛巾浸泡在冷水中，拧干后交替敷在扭伤部位 也可在热水袋中灌入 1/3 ~ 1/2 袋冷水，排出空气，经常翻转，以保证接触皮肤部位有凉感	使受伤部位血管收缩，减少出血。冷敷时间为 1 小时
热敷	用两条毛巾浸泡在热水中，拧开后交替敷在扭伤部位（热水盆中不断加热水，水温 45℃）	扩张血管，促进血液循环，促进康复。每次热敷时间 1 小时，可一日 2 次

思考与练习

1. 人工喂养应注意哪些问题？
2. 添加辅食的原则有哪些？
3. 领婴幼儿外出时如何保证婴幼儿的安全？
4. 怎样分辨婴幼儿啼哭、精神、食欲、睡眠、大小便、呼吸等正常与异常情况？

综合训练

家政服务员小王的客户家里刚生了一个儿子，母亲的奶量不够，于是采用混合喂养，一日孩子突然哇哇大哭，假设你是小王，这时你会作出哪些判断，如何操作才能使孩子不哭呢，请列出可能出现的各种情况并说明操作细则。

8 第八章　照料老年人

第一节　饮食料理

第二节　生活料理

第三节　异常情况的发现与应对

随着年龄的增加，生理机能的衰退，人都会变老，这是客观规律，是人的共性。但每位老年人因存在文化程度、经济条件、生活环境、脾气性格、自理能力等方面的差异，各自又有着不同的个性需求。家政服务员照料老人，要充分考虑到老人的具体情况和特定需求，因人而异地做好护理工作。

第一节 饮食料理

一、了解老年人身体特点和饮食需要

1. 老年人身体特点

步入老年，人的消化系统会发生一系列变化，见表8—1，了解这些变化，可帮助家政服务员科学、合理地为老年人做好饮食料理。

表8—1 老年人消化系统变化特点

消化器官	主要变化	对身体影响
牙齿	因龋齿、牙周疾病，牙龈萎缩导致牙齿出现明显磨损或脱落	影响对食物的咀嚼
舌头	舌乳头上的味蕾数目减少	味觉减退影响食欲
唾液腺	唾液腺萎缩，唾液稀薄，分泌减少，唾液中淀粉酶含量降低	固体食物进入口中，影响咀嚼，减少进食量
胃	胃黏膜萎缩，消化腺体萎缩，胃酸减少	消化食物能力下降
肠	蠕动减弱	导致消化不良及便秘

针对以上特点，家政服务员要帮助老年人养成健康的饮食习惯，提倡膳食的“六宜”和“四忌”。

（1）六宜。

1）宜缓。进食要细嚼慢咽。

2）宜软。食物要熟、软、烂。

3）宜温。食物温度适宜，不能过热或过凉。

4）宜早。早餐不可少，晚餐应及早，不可饭后就睡觉。

5）宜少。每餐掌握7 ~ 8成饱。

6）宜淡。饭菜要清淡可口，少油、少盐。

（2）四忌。

1）忌偏食。长期偏食会造成食物营养成分比例失调。

2）忌暴饮暴食。过量饮食会给胃部造成沉重的负担，易诱发胆道或胰腺疾病。

3）忌烫食。食物过烫易造成口腔溃烂或烫伤。

4）忌谈笑。吃饭时谈笑、情绪激动，易发生噎食，造成窒息。

2. 老年人饮食需要

（1）老年人由于牙齿咀嚼和消化功能等方面的退化，膳食的选择受到限制，甚至很多平时想吃、喜欢吃的食物也不能吃了，因而很容易造成被动偏食、饮食结构失调和营养摄取不良。这就要求家政服务员在老年人的饮食照料中，要根据老年人的身体状况调整其饮食结构，兼顾营养搭配，见表 8—2，使老年人的日常饮食更加合理、完善。

表 8—2　　老年人身体状况与饮食需要

老人身体状况	饮食需要	食谱举例
牙齿、胃肠消化功能尚好，日常活动量大者	食用普通饮食。食物种类宜多样，营养要均衡，可利用营养素的互补作用，达到全面营养的目的。少用油炸食品，不用刺激性强的食料	早餐：红薯小米稀饭、馒头、卤鸡蛋 午餐：米饭、茭白肉片、海米丝瓜鸡蛋汤 晚餐：白菜猪肉蒸包、绿豆大米稀饭
牙齿有缺失，咀嚼功能、消化功能稍差或腿脚不便、活动量少者	食用软食。食物须切碎煮烂，易消化，营养要满足身体需求，如鱼类食品，其脂肪含量低，较易消化。尽量不采用含粗纤维食物及刺激性较强的调味品	早餐：牛奶、面包、果酱、煮鸡蛋 午餐：软饭、蒸鲳鱼、青菜氽丸子 晚餐：馒头、肉末烧茄子
咀嚼吞咽不便、体质虚弱、消化能力差，发烧、手术后下床活动较少者	食用半流质饮食。由于进食量少、质稀，营养成分更要丰富，主要增加蛋白质的摄入，忌粗膳食纤维及辛辣调味品	7 点：蒸蛋羹、小面包 9 点：牛奶 12 点：肉末冬瓜丝、龙须面 15 点：藕粉 18 点：碎菜虾仁末馄饨
发烧、腹泻、急性病发作期	食用流质饮食。要易消化、利于吞咽，无刺激性	7 点：米汁 9 点：牛奶 11 点：去油鸡汤 13 点：牛奶 15 点：蛋花汤 17 点：藕粉 20 点：牛奶

流质饮食热量及营养不足，不宜长期食用。

（2）根据老年人身体状况与饮食需要，可掌握少吃多餐，由每日三餐增至4～5餐。特别是对记忆力减退或患有小脑萎缩的老年人，本人不知饥饱，一天到底吃多少，别人难以掌握，更应在保证其饮食基本需求的基础上少吃多餐。现将老年人全日食物量列表如下，见表8—3，供家政服务员参考。

表8—3　　老年人一日食物量　　克

谷类（主食）	牛奶	鸡蛋	鱼肉类	豆制品	蔬菜	水果	糖	烹调油	盐
300～350	250	40	50～100	50～100	500	100	10	10	4～6

3. **适量增加饮水，保持一定摄水量**

随着身体机能的老化，老年人体内水分会逐渐减少，若不适量增加饮水，会增加血液黏稠度，容易诱发血栓、动脉硬化及心脑血管疾病。另外，喝水少，还会导致尿液浓缩，影响肾脏排泄功能。所以，家政服务员每天应定时提醒老人喝水，每日摄水量应保持在1 000毫升以上。

二、制作老年人日常饮食

步入老年，有的老人爱动，有的老人爱静，有的老人“身体倍棒、吃嘛嘛香”，有的老人疾病缠身、食欲不振。只有准确把握他们的体征状况，有的放矢地调节他们的饮食，才能帮助老年人吃好、喝好，安度幸福晚年。

1. **制定食谱**

依据老人饮食的要求，家政服务员在制定老人食谱时应把握以下三原则：

（1）合理搭配。三餐食谱中最好干稀搭配、粗细搭配和荤素搭配。

（2）清淡易消化。老人食物尽量少荤、少盐，烹饪多用蒸、炖，少用煎、炸。

（3）少食多餐。老人消化能力减弱，容易感到饥饿，一般在一日三餐以外，可加些点心或水果等以作补充。

老年人一周食谱参考，见表8—4。

表 8—4　老年人一周食谱参考表

星期 餐次	星期一	星期二	星期三	星期四	星期五
早餐	红薯粥 1 碗， 发糕 1 块， 茶鸡蛋 1 个	大（小）米粥 1 碗， 豆包 1 个，凉拌木耳	红薯玉米面粥 1 碗， 椒盐卷 1 个， 卤蛋 1 个	绿豆、大米稀饭 1 碗， 面包果酱 1 个， 拌莴苣丝	燕麦江米粥 1 碗， 芝麻烧饼 1 个， 咸鸭蛋 1/2 个
9:30—10:00	桃 1 个	苹果 1 个	西瓜 1 块	木瓜 1 块	香蕉 1 根
午餐	软饭 125 克， 丝瓜炒鸡丁， 虾皮炒卷心菜， 西红柿鸡蛋汤	软饭 125 克， 糖醋里脊， 素炒白菜丝， 虾米丝瓜蛋花汤	西葫芦猪肉馅水饺 150 克，饺子汤	软饭 125 克， 菜心烧狮子头， 菠菜豆腐汤	软饭 125 克， 香菇蚝油烧油菜， 小白菜氽丸子
16:00	低脂牛奶 1 袋， 面包 30 克	低脂奶 1 袋， 梳打饼干 30 克	低脂奶 1 袋， 烤馒头片 30 克	低脂奶 1 袋， 蛋糕 30 克	低脂奶 1 袋， 曲奇饼 30 克
晚餐	葱油花卷 1 个， 小米面粥 1 碗， 胡萝卜炒肉丝	窝头（发面）1 个， 南瓜小米粥 1 碗， 烧三样（小丸子、油菜、笋）	肉卷 1 个， 燕麦片粥 1 碗， 凉拌木耳圆葱	二合面馒头（玉米面、白面）1 个， 蒸鲳鱼 1 条， 菠菜疙瘩汤 1 碗	菠菜、木耳、鸡蛋菜饼 1 个， 大枣小米粥 1 碗
睡前	酸奶 1 袋	酸奶 1 袋	酸奶 1 袋	酸奶 1 袋	酸奶 1 袋

2. 选材与烹饪

（1）膳食选材与制作原则。为老年人制作饮食，从选材、制作到食用，应遵循三项原则：

1）食材新鲜。购买肉、鱼、蛋、蔬菜、水果等要选择新鲜的、无公害的，如有条件，尽量做到当天采买、当天制作、当天食用。

2）细软烂淡。所用蔬菜要洗净、切细，肉、鸡等要炖烂，食物宜软、宜清淡，少油炸、少放盐，以利于老年人消化吸收。

3）口味适宜。饮食制作要适合老人日常生活习惯及口味，不仅做到饮食结构合理、营养均衡，而且让老人觉得可口、喜欢吃。

（2）老年人饭菜制作实例

【实例1】 红薯粥（见图8—1）

原料：红薯200克，大米50克。

制作方法：先将红薯洗净去皮，切成小块，大米淘洗干净，锅内放入适量凉水，将大米、红薯一起放入锅内煮开后再用小火熬成粥。

图8—1 红薯粥

提 示

红薯最好买红瓤的，富含胡萝卜素，口感好，有营养。

【实例2】 发糕（见图8—2）

原料：鸡蛋1个，面粉、玉米面各50克，白糖、牛奶、发酵粉适量。

制作方法：

1）先将鸡蛋打散，至蛋液发白起泡。

2）将面粉、玉米面、白糖、牛奶放入蛋液中搅匀。

3）发酵粉用温水泡开后，搅入面糊中。

4）将搅拌好的面胚放在笼屉内蒸熟。

5）取出晾凉后切块装盘即可。

图8—2 发糕

注：如糖尿病人食用，发糕内不要放白糖。

【实例 3】 炒三丝（见图 8—3）

原料：里脊肉 100 克，绿豆芽 100 克，胡萝卜 100 克，盐、料酒、葱丝、姜丝、植物油适量。

制作方法：

1）肉洗净切丝，绿豆芽去根洗净，胡萝卜洗净切丝。

图 8—3 炒三丝

2）油锅烧热，爆香葱、姜，快速放入肉丝，炒至发白变色，再放入绿豆芽、胡萝卜丝翻炒。

3）放入料酒、盐少许，翻炒均匀，装盘即可。

【实例 4】 丝瓜炒鸡丁（见图 8—4）

原料：鸡胸脯肉 100 克，丝瓜 200 克，青甜椒 1 ~ 2 个，蒜末、植物油、盐适量。

图 8—4 丝瓜炒鸡丁

制作方法：

1）将鸡肉切丁，用少量盐腌约 3 分钟。

2）丝瓜削皮后，切成斜角小方块备用。

3）青甜椒洗净去子，切块。

4）油锅烧热，爆香蒜末，放入鸡肉炒约 5 分钟后放入丝瓜块略炒，然后放入青甜椒块，放少许盐翻炒均匀后装盘。

三、协助老年人进餐

1. 协助老人自主进餐

神志清醒，能活动、能自理的老年人可自行进餐，家政服务员在一旁进行协助。

协助老人自主进餐步骤为：预备桌椅，摆好餐具→提醒老人洗手→盛好饭菜，请老人进餐→餐后递给老人毛巾或餐巾擦嘴→提醒老人洗手、漱口→撤下餐具→整理好桌椅。

2. 给老人喂饭

老年人年龄过大、难以自理或有病卧床、手颤抖等，不方便自己进食，需要家政服务员帮助喂饭。

（1）饭前准备。

1）餐前半小时开窗通风，消除室内异味。

2）询问老年人是否需要大小便，如需要则应予以协助。

3）帮助老年人洗手，漱口。

4）给老人固定就餐姿势，后背垫上靠垫，使其舒服稳当。

5）将餐巾围于老人胸前，以保护衣服清洁。

6）饭菜温度适宜后喂餐。

（2）喂饭要领。

1）用小饭匙轻碰老年人嘴唇，待嘴张开后将饭菜缓缓送入口中。

2）先喂汤汁或稀饭，以湿润口腔，刺激食欲，后喂主食、菜、粥等。

（3）饭后整理。

1）撤下餐具，清除食物残渣。

2）取下餐巾。

3）帮老人漱口，擦嘴。

4）清理衣服、床单。如能坐一会儿最好，如老人太疲劳，则协助老人躺下休息。

（4）注意事项。

1）保证食物洁净。老人原本体弱多病，食用不洁净的食物可能会引起多种胃肠道疾病，尤其是进食腐败变质的食物，还可能出现中毒昏迷甚至死亡。

2）家政服务员协助老人进餐时，要精力集中，面带微笑，并适当介绍饭菜内容，以增加老年人的食欲。

3）要保证老人按时进餐。根据老人的生活习惯，规定老人的三餐和加餐时间，提醒老人按时吃饭。晚餐要早点吃，不要拖至太晚。

4）保证食物温度，老年人对寒冷的抵抗力差，吃冷食不利于健康。

5）要根据老年人进食习惯、进食次序耐心喂饭，喂饭过程中要控制好老人的进食节奏，避免噎食。

6）遇有老人吃饭速度较慢或将饭菜弄撒等现象，千万不要训斥老人，以免使其心情不好影响食欲。

7）对双目失明或眼睛手术后的老年人，喂饭时不要忘记详细介绍饭菜内容及营养价值，尽量使老人保持愉快的就餐心情。

3．提醒或协助老人喝水

（1）对有活动能力的老人，除了正常的吃饭、喝汤、喝粥外，两餐之间要提醒老人多喝水。

（2）对需喂饭的老人，更应注意不能缺水，两餐之间可用小勺或吸管为老人喂水，每日喂水总量应不低于1 000毫升。

（3）老年人喝水要喝温开水，不宜喝饮料或凉水。

（4）饭前、睡前尽量不要喝过多的水。

第二节　生活料理

一、老年人的心理特征和生活习惯

老年人由于身体、环境、生活、交际等因素的变化，其心理和习惯往往也跟着发生变化。要胜任照料老年人的工作，得到老年人的认可与配合，不可不对老年人的心理特征、生活习惯等，有个较为清晰的认识。

按照社会存在决定社会意识的原理，大体可以说，不同的社会实践、不同的社会关系、不同的社会人生、不同的生活阅历，造就着不同类型的老年人。比如：

有的属于乐观型。这类老人有文化底蕴，热爱生活，善于思考，喜欢读书看报，顺应社会进步，平日心境平和，宽容大度，性格开朗。

有的属于防备型。多见于丧偶或空巢老人，有较强的独立性和自制力，不服老，也不轻易相信别人，常怀紧张戒备心理，凡事力求稳妥保险。

有的属于悲观型。一生坎坷或疾病缠身，对生活失去信心，将所有的不幸都归咎于自身命苦，终日长吁短叹，抑郁寡欢，沮丧悲观。

有的属于自我型。一切以自我为中心，对别人百般挑剔，对自己我行我素，于人强势，性格暴躁，稍不满意就大发雷霆。

另外，有的爱干净、爱挑剔，要求窗明门洁，摆物整齐，轻拿轻放，循规蹈矩；有的生活随性、不拘小节，家中东西乱扔乱放，刚收拾好的东西，转眼又搞乱了；有的喜好运动，别人还未起床，他先换上行头、带上器具出门锻炼去了。

如此等等，家政服务员必须摸清所照料老人的生活习惯和性格脾气，了解他们的真正需求，在对他们进行精神抚慰和生活照料的过程中，既要做“及时雨”——把温暖送到每个老人的心坎里，让老人得到心想事成的服务，又要做“出气筒”——准备承受怀疑、误解，抑或莫须有的责难，还要做“消音器”——以柔克刚、息事宁人，及时化解老年人一些过分激动或过分悲观的思想情绪。

其实，这里关键还是要求家政服务员保持一种平和的心态和“老吾老以及人之老”的情怀。如果心态摆正了，就会觉得照顾老人其实并不仅仅需要付出。老人们身上有着各自不同的闪光点，我们家政服务员在与老人的朝夕相处中还可学到自身所欠缺的诸多的生活经验和人生哲理。

好雨应时，润物无声。通过细致入微、潜移默化的服务，让老人得到“时令春雨”般的照料，既是每位老人的福音，也是衡量家政服务员称职、合格与否的重要指标。

案例与点评

86岁的兰老太太，年轻时体弱多病，52岁那年做了乳腺癌切除手术。两个女儿虽都事业有成，却因身患癌症，先于父母离世。老两口还未走出悲痛的阴霾，一向温文尔雅，对她情深意笃、体贴入微的老伴又突发心梗，离她而去。一次又一次的打击，使老人伤痛欲绝。为此，女儿的同学和邻居们帮忙联系了家政服务员陈姐。陈姐得知了老人的身世，非常同情，平日里不仅对老人关爱有加，家中也收拾得干干净净、有条不紊，每月的生活开支都记得明明白白。闲暇时间陈姐就和老人拉拉家常、讲讲笑话……慢慢的老人竟觉得离不开陈姐了。正好陈姐的儿子考上了大学，老人便提出让陈姐和丈夫都搬来一起住。“一家人”和和美美地过了一年多，已是88岁高龄的兰老太太，渐渐地体衰力竭。看到此景，陈姐将老人的两个外孙约来，当着老人的面把其房产证、存款、首饰等交给了孩子们。老人含着眼泪拉着陈姐的手一再说："真得谢谢你，我女儿没有伺候我，你都做到了，你比亲生女儿还亲！"

【点评】一个病患缠身、接连遭受丧女和丧夫之痛的老人，几乎没有信心面对今后的生活，是家政服务员陈姐诚心而无私的照料，让她在生命的最后一段历程中沐浴了"不是亲人胜似亲人"的人间真情。在某种程度上，这位陈姐给出了"如何照料老人，如何与老人相处"的答案。

二、照料老年人日常洗漱和洗澡

1．照料老年人日常洗漱

（1）照料老年人漱口、刷牙。

1）能自理的老人漱口刷牙时，家政服务员应在旁协助。其步骤为：漱口杯内盛2/3温开水→牙刷前2/3部分挤上牙膏→老人自主刷牙（竖刷，有假牙者刷假牙）→刷毕，漱口涮净牙膏→冲净牙刷→擦嘴。

2）不便刷牙的卧床老人应勤漱口，也可用棉签蘸温水擦洗口腔，如有假牙，应帮助老人摘下刷洗，吃饭前再戴上。

（2）照料老年人洗脸、洗手。

1）能自理的老人洗脸洗手时，家政服务员应在旁协助。其步骤为：先安置老人站稳或坐好→脸盆中盛半盆温水→用水浸湿脸→双手打香皂搓至起泡，用双手手掌按摩，清洁面部→用清水冲洗干净→用毛巾轻轻擦干面部→搽抹护肤品。

2）卧床老人洗脸洗手，全部由家政服务员操作，其步骤为：协助老人取半坐卧或侧卧位→脸盆中盛半盆温水→将毛巾浸湿→按顺序擦眼、前额和颊部→涮毛巾后再擦嘴和下颌部→擦耳后、颈部→最后将老人的手依次放入盆中打肥皂洗净，擦干。

（3）照料老年人洗脚。人的双脚尤其是脚掌密布着血管和神经，不仅有穴位还有神经反射区。常言道："千里之行始于足下""人老先老脚"，坚持每晚用温水为老人洗脚或有针对性地用中药泡脚，可以促使老年人足部血管扩张，增加血液循环，有效驱除寒湿，消除疲劳，促进新陈代谢，改善睡眠，达到祛病健身的目的。

1）能自理老人洗脚时，家政服务员应在旁协助。其步骤为：安置老人坐好→脚盆内加入温水（水深以淹没足踝为宜）→双脚放入水中→边洗边搓足背、脚心、趾缝，直到皮肤微红、两脚微热为止→用毛巾擦干双脚→足后跟抹润肤品。

2）卧床老人洗脚，全部由家政服务员操作。其步骤为：协助老人仰卧或侧卧→脚下垫大毛巾或浴巾→脚盆内放入温水→毛巾浸湿先擦一只脚（脚背、脚心、脚趾缝）→涮净毛巾擦另一只脚（方法同上）→涮净毛巾擦干脚→足跟底涂抹润肤霜。

（4）照料老年人清洗会阴。老年人（尤其是女性）大便后或临睡前最好清洗会阴。方法是：专用水盆内倒入温开水，用专用毛巾浸水擦洗。老年女性要从前往后洗，老年男性重点擦洗肛门及周围，洗后用毛巾擦拭干净，换内裤。

（5）照料老年人日常洗漱的注意事项。

1）洗漱水温以 38 ~ 42℃为宜。

2）洗脸应选用质量较好、无刺激性的肥皂。

3）选用吸水性强、质地柔软的纯棉毛巾，每次用后洗净晒干。

4）各类洗浴盆具要专人专用，各司其责。

5）家政服务员要有耐心，面带微笑，动作轻柔，边洗边与老人进行语言交流。

提　示

毛巾用得时间长了，发黏、发硬，可放在盆中用碱水煮 15 分钟，再揉洗干净晒干可恢复松软。

2．照料老年人洗澡

老年人经常洗澡，不仅能去除皮肤表面污垢和异味，还可以改善皮肤和肌肉的血液循环，保持皮肤毛孔畅通，消除疲劳，促进身体健康。

（1）洗澡物品准备，见表 8—5。

表 8—5　　老年人常用洗澡物品一览表

物品名称	数量	用途及注意事项
洗发液	1 瓶	洗头，无刺激性
香皂	1 块	洗澡，无刺激性
毛巾	2 条	纯棉，1 条洗头，1 条洗澡
大浴巾	1 条	纯棉，浴后保暖
换洗内衣		根据季节准备
拖鞋	1 双	鞋底应防滑
大脸盆	1 个	为卧床老人在床上擦澡用

（2）协助能自理老人洗澡步骤：浴室内放一把椅子，扶老人坐好→调试水温→洗脸→洗头→洗全身→冲净洗发水，肥皂泡沫→用毛巾擦干头发，擦净全身→穿上内衣→披上大浴巾→出浴室坐在床上→擦干双脚→换上干净衣服。

（3）为卧床老人擦澡步骤：大盆内放置温水→毛巾浸湿擦脸→擦颈部及耳后→擦前胸→擦一侧腋窝、上肢→另一侧腋窝、上肢→擦后背→腹部→擦一侧腹股沟、下肢→擦另一侧腹股沟、下肢→换上干净衣服（注：每擦一个部位要清洗一次毛巾）。

提　示

如天冷，擦过的部位要及时盖好，注意保暖。

（4）照料老年人洗澡的注意事项。

1）水温调至 38 ~ 42℃为宜，水太热，易引起出汗过多，发生虚脱。

2）洗澡最好安排在午睡起床后，切忌空腹或饭后立即洗澡。

3）洗澡时间不宜过长，最好不要超过 15 分钟；不宜过勤，夏天每日 1 次，春、秋、冬季每周 1 ~ 2 次即可。

4）洗澡最好不要用化纤布料搓澡巾，以免诱发过敏或损伤皮肤。

5）老年人进入浴室洗澡，必须有家政服务员陪同协助，以免发生意外。如异性老年人，家政服务员不方便同进浴室，可请求家人协助。

三、为老年人穿脱衣服

老年人行动不便，站立不稳，有时穿脱衣服动作不利索等，容易被绊倒、摔倒，特别是患有高血压、心脏病、癫痫病的老年人更应当引起注意。

1. **穿脱衣服的步骤**

为老人穿脱衣服之前，应先关好门窗，保持室内温度适宜，并将要穿的衣服按顺序一一放好。

（1）穿上衣，如图 8—5 所示。

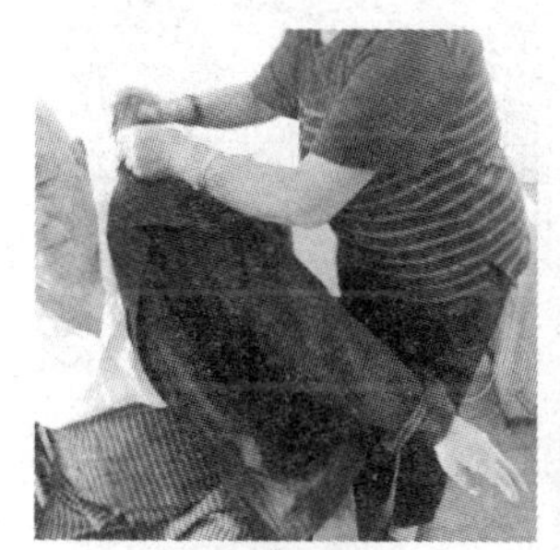
先穿好一只袖子

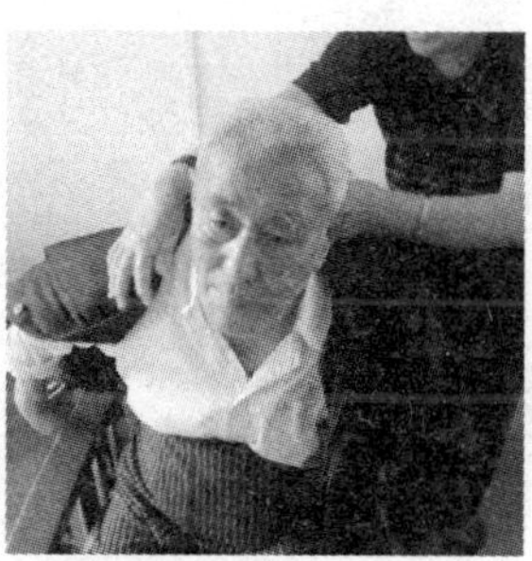
从老人背后绕至对侧

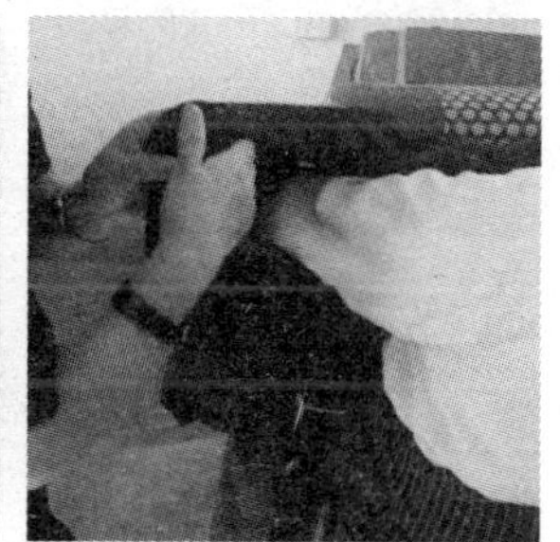
穿上另一只衣袖

a）穿开襟衣服

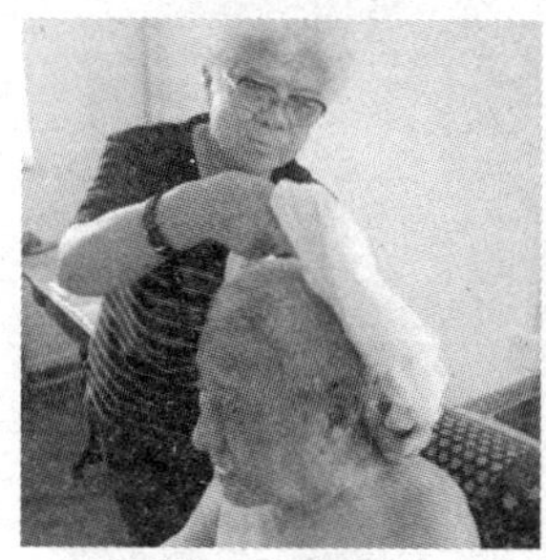
撑着领口由脑后套入

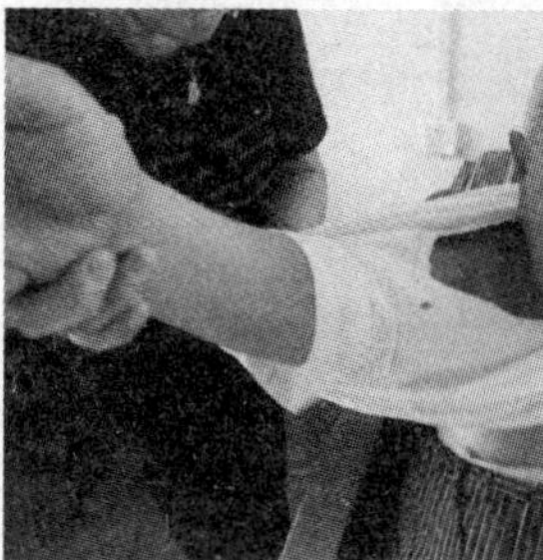
分别穿上两只袖子

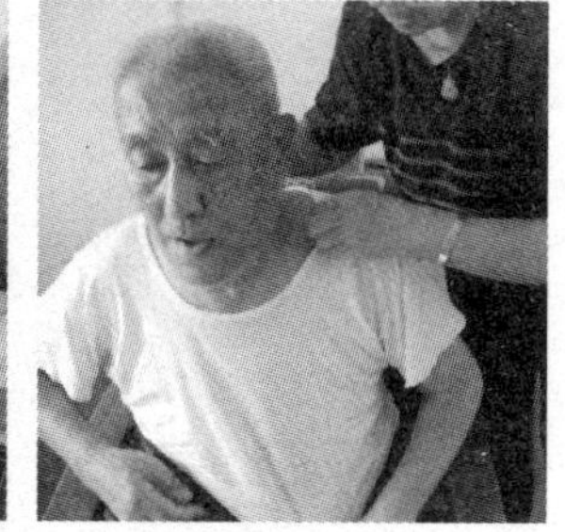
将衣服拉平

b）穿套头衣服

图 8—5　穿上衣

（2）脱上衣，如图 8—6 所示。

（3）穿脱裤子，如图 8—7 所示。

1）穿裤子。让老年人坐下靠稳，抬起双腿双脚，同时由裤腰分别插入两裤管内。家政服务员一手提裤腰，一手将老人平稳地拖起来，搀扶老年人趴在自己肩上站平稳，然后将裤子穿过臀部、提至腰间系好。

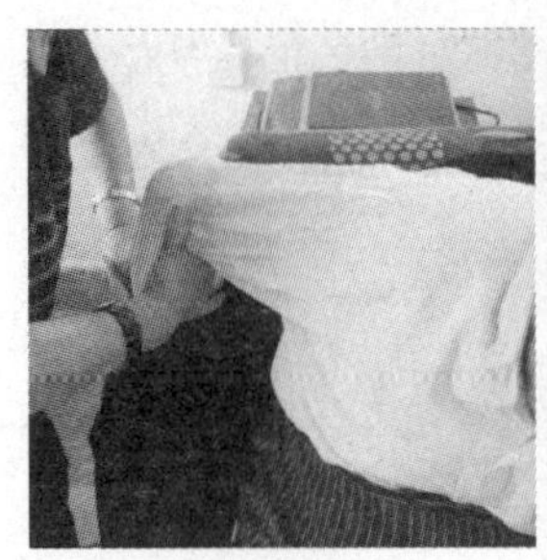
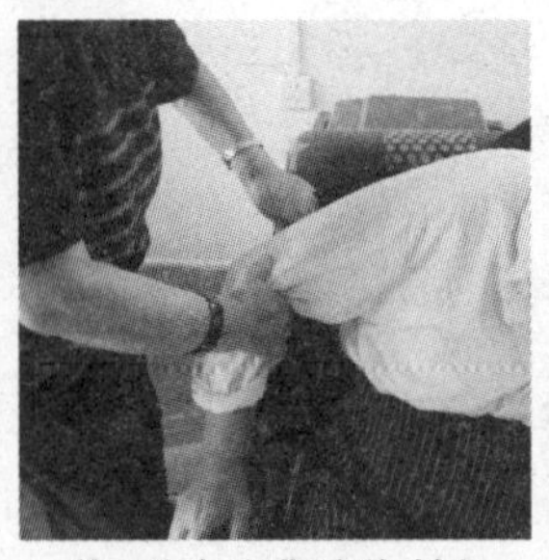
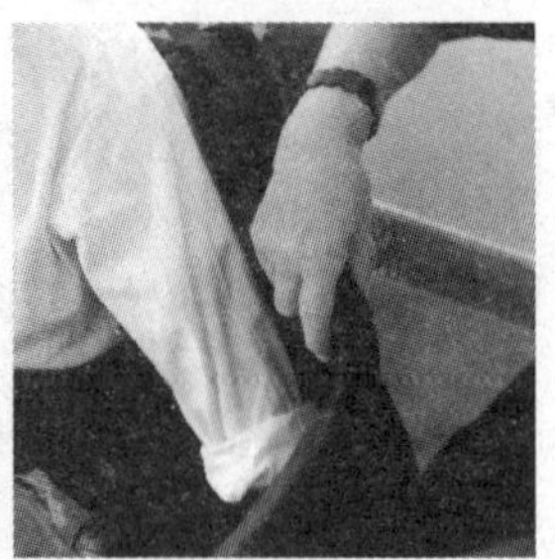

先脱下一只袖子　　绕至老年人背后到对侧　　再脱下另一只袖子

a）脱开襟上衣

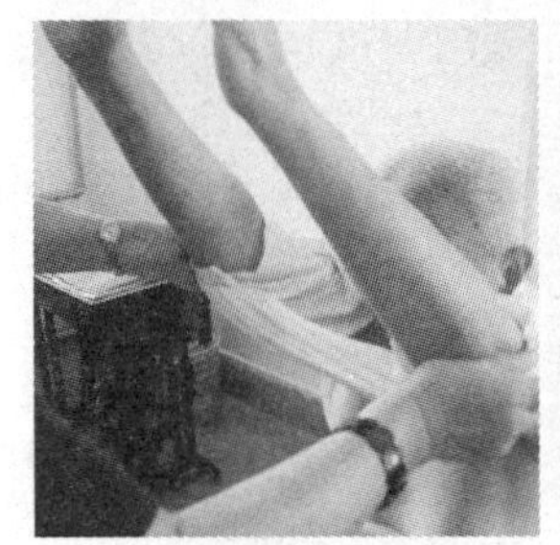
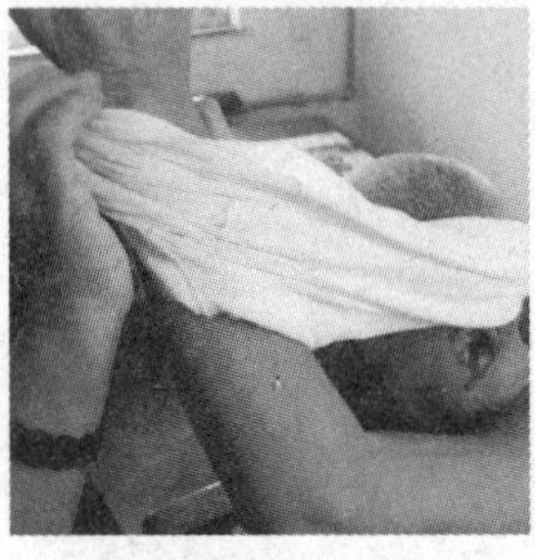
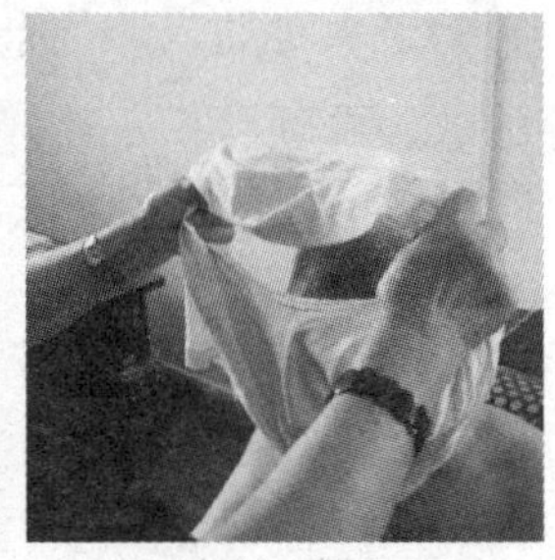

老人两臂稍向上举　　将衣服卷成圈　　从头的后部脱下衣服

b）脱套头上衣

图 8—6　脱上衣

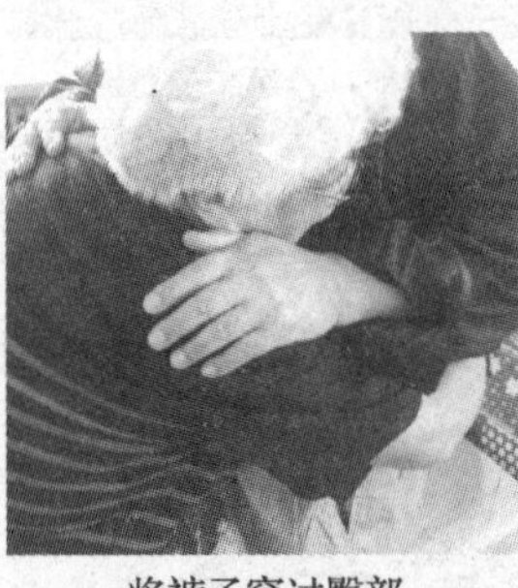
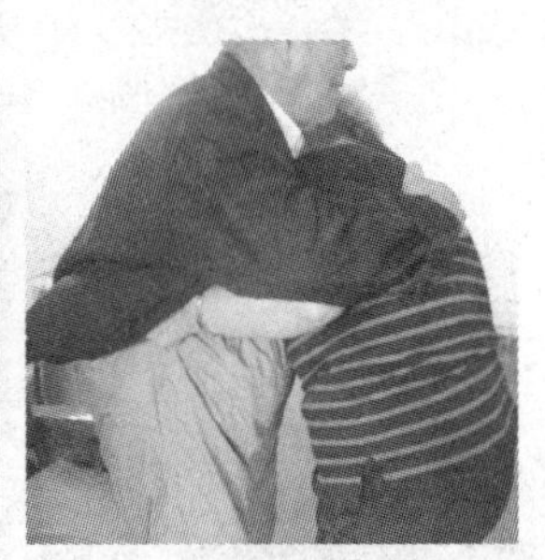

两脚由裤腰分别插入两裤管内　　将裤子穿过臀部　　提至腰间系好

a）穿裤子

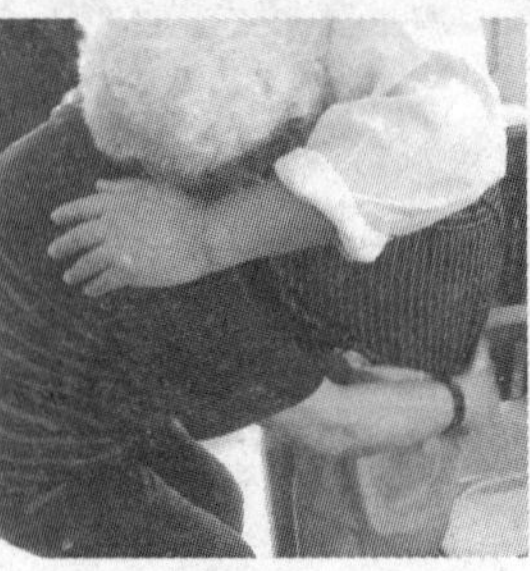
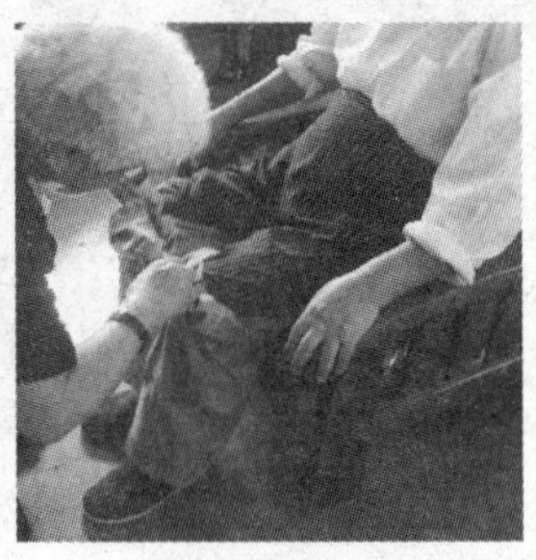

老人趴在家政服务员肩上　　将裤子从腰部翻卷至臀部　　将裤子翻卷脱下

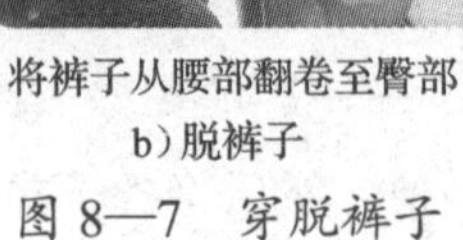

b）脱裤子

图 8—7　穿脱裤子

2）脱裤子。先让老人站起，并平稳地趴在家政服务员肩上，将内外裤从腰部翻卷至臀部，扶老人坐回原位，让老人抬腿，将裤子翻卷脱下。

（4）穿脱鞋袜。

1）穿鞋袜。老人坐稳，家政服务员蹲下，先穿袜子，后穿鞋。

2）脱鞋袜。老人坐稳，家政服务员蹲下，先脱鞋，后脱袜子。

2. 注意事项

（1）为老人穿脱衣服前，要将准备更换的衣服按穿脱顺序一一放好，并根据季节、气候的变化，关闭门窗或调整适宜室温，以防老人感冒。

（2）与老人做好沟通，请老人给予配合，以防老人不情愿，着急，甚至发脾气。

（3）为老人穿脱衣服，首先要保证老人的安全，要搀扶老人坐好，坐稳，千万不能让老人单腿站立穿脱衣服。

（4）脱下的脏衣服，直接放入盆内，洗净晒干。

四、照料老年人出行

老年人虽然腿脚不便，但只要能下床，能活动，没有严重的心脑血管疾病，还是应劝说老年人外出走走，这样一是能呼吸到新鲜空气，改善心情，感受新鲜事物，增强大脑反应能力；二是可多晒晒太阳，预防老年骨质疏松症的发生。

照料老人出行应注意以下几点：

1. 选择晴好天气。冬季大风，大雾天气，夏季太阳暴晒，正午时间等都不宜外出。

2. 备好出行用品。如冬季要多穿衣服，戴上帽子、围巾、口罩；夏季要戴上墨镜，打上遮阳伞；阴天要携带雨具；日常带上拐杖、老年人乘车证、老年证、零用钱等。

3. 避开交通高峰。老年人外出活动，应避开上下班高峰乘公交车，以免人多拥挤。更要预见到人多无人让座等情况的发生，防止老年人因生气而诱发疾病，出现意外。

4. 遵守交通规则。能独立行走的老年人，家政服务员也要根据路段需要适当搀扶，过马路必须走人行道，做到红灯停，绿灯行，注意往来车辆，不要抢道。

5．注意乘车安全。乘公交车时，应陪老年人在站台内等候车辆。上车时，家政服务员应站车门一侧，请老人先上车。上车后为老人找好座位，请老人坐好，再去为老人打卡或买票。汽车行走时，要站在老年人身边，保证老人乘车安全。下车时，车门打开后，家政服务员应先下车，再将老人搀扶下车，一起和老人离开马路，到人行道行走。

6．做好安全防范。老人如去公园，一定要搀扶老人同行，边走边介绍公园景致。如老人要爬高，也要婉言劝阻，以免发生意外。外出购物或出入公共场所，家政服务员必须跟随老人左右，看好钱物，防止老人走失，保证老人安全。

提　示

如老人身体有轻微不适，不要带老人出行。若老人执意外出，家政服务员也要态度和蔼地进行劝阻，可允诺身体好些再出外活动。

五、照料老年人的居家安全

1．避免老人单独在家，家政服务员有急事必须外出时，首先要向老人家属通报，其次要和老人保持联系，并做到速去速回，尽量缩短老人独处的时间。叮嘱老人一人在家时，不要随便开门，不要让不认识的人随便进家，特别要提醒老人不要上上门推销服务的当。

2．提醒老人睡醒下床做到“三个五分钟”，即：睡醒后先在床上伸伸懒腰活动 5 分钟，坐在床沿两腿下垂休息 5 分钟，站起来先别走动略微休息 5 分钟，防止起床过猛、动作过快，发生意外。

3．注意消除家庭中的不安全因素，如地面上不乱放杂物，有水要立即擦干，室内悬挂东西要牢靠，不碰头不挡视线等。

4．为老人营造适宜的睡眠环境，夜间保持不低于 6 个小时的睡眠，中午保持不低于半个小时的午休。

第三节　异常情况的发现与应对

人到老年，身体的各部器官呈日渐衰老的状态，很可能会突发一些意外情况。作为家政服务员，能了解一些老年人常见意外情况的先兆，且能从容应对，那将对老年人的安全和疾病预防起到积极作用。

一、老年人异常情况的发现与简易处理

老年人的异常情况，可从精神状态、食欲变化、睡眠情况、大便异常和行走步态五个方面加以判断。

1. 精神状态

平时老人心情愉快、面色红润、谈吐流利、经常活动，且具备吃饭快、说话快、入睡快的“三快”特征，应属于健康状态。

如发现老人有下列情况，应引起重视。

（1）不爱讲话，饭量明显减少，没精神，想睡觉又睡不踏实。遇有这种情况，一般应先给老人测量体温，如体温正常，应隔半小时再测量，并注意询问有无其他不适。

（2）意识不清楚，问话得不到清楚的回答，甚至日常生活行为失准，如小便跑到厨房去尿等。

（3）语言有障碍。若突然语言不清或语言发生障碍，应想到是否脑血管病变或器质性脑病变。

（4）面部表情异常。老人出现面部表情痛苦，身体前躯下弯，手捂胸口，是突发心绞痛的症状。如家中有速效救心丸，可先帮助老人放入舌下含化。

发生以上几种情况，在采取应急处理的同时，均应迅速和其家属或子女进行沟通，并要及时拨打120急救电话，请医生上门诊治。

2. 食欲变化

正常老人饭量较稳定，如发现下列情况应引起重视。

（1）老人饭量逐渐减少，体重明显下降，现身心疲惫状，首先应考虑是否患有疾病，应建议家人带老人去医院进行全面、系统检查。

（2）老人饭量突然大增，就餐次数明显增加，但体重却迅速下降，日渐消瘦，应考虑老人是否患了甲状腺功能亢进症。应迅速和家人联系去医院检查。

（3）老人出现“三多一少”现象，如吃得多、喝得多、尿得多、体重减少，并伴有疲劳、消瘦等，很可能患上糖尿病，应建议其家人带老人去医院检查。

总之，饭量的变化，是判断老年人出现异常情况的一项重要指标，细心观察，有利于提前预防和及时治疗。

3. 睡眠情况

老年人一般夜间能保持5 ~ 6个小时睡眠，白天午休0.5 ~ 1个小时。尽管有早醒的习惯，但只要是自然醒，醒后精神好，即属于正常。

不正常的情况，如：

（1）失眠。年纪大了，觉少，往往夜间睡眠不佳，有的躺下较长时间不能入睡，有的则早早醒来，白天没精神。对此，家政服务员应协同其家人找出失眠原因，如因生活习惯不良，应给予调理纠正，有的老人白天坐在沙发上一会儿一小觉，夜间自然睡不好。白天空闲时，家政服务员可陪同老人聊天、下棋，尽量让老人少睡觉。习惯成自然，久而久之，晚上老人自然就能睡好了。

（2）嗜睡。多次呼叫不醒，且伴有严重的鼾声，多数是脑中风的表现。此时家政服务员应告知家人，立即送老人去医院诊治。脑中风的黄金抢救时间是6小时之内。

4. 大便异常

老人大便次数、大便量、大便稀稠度，以及大便是否通畅、是否有规律，是老人消化功能和健康状态的风向标。正常大便较有规律，一般一天一次，大便成形，气味无明显变化。

常见大便异常，如：

（1）便秘。便秘是老年人的常见病、多发病，其危害不可忽视。有许多心梗病人死于马桶上，就是因为大便干结，在用力排便时诱发心、脑血管病并发症所致。家政服务员发现老人便秘，除了协助老人使用开塞露通便，最重要的是要分析老人便秘原因，从改善老人生活习惯入手，主动预防便秘发生。

预防便秘措施：

1）多喝水，晨醒后喝一杯加蜂蜜的温开水，两餐之间也要补充水分。

2）多吃蔬菜，特别是含粗纤维较多的蔬菜，如芹菜、韭菜、大白菜等。

3）多吃粗粮，如玉米、燕麦、荞麦等，不仅通便，还可降血脂、血糖。

4）多吃水果，两餐之间多吃应季水果。

提　示

糖尿病人不宜喝蜂蜜水。

（2）腹泻。

1）急性腹泻。老人突然便稀，一天大便 5 ~ 6 次，稀便中含有黏液，并出现发烧、腹痛、腹部有下坠感、食欲减退等现象，应考虑是否患急性肠炎、痢疾、胃肠型感冒等。此时应向老人家属告知病情，切忌将老人一人留在家中，以免将大便排在裤中或床上，更要预防在排便时出现虚脱与休克。

2）慢性腹泻。老人长期便稀，每天 2 ~ 3 次，腹部隐隐作痛，应建议家人带老人到医院做系统检查。

5. 行走步态

日常生活中，健康老人行走，腿脚较为利索，步态仍较轻盈。当突然出现步履蹒跚、老态龙钟，且伴有意识障碍，如不认人、水杯端起而不知道喝水等症状时，说明老人身体出现异常。一方面应告知亲属，另一方面拨打 120 急救电话。

二、轻微外伤、烫伤的处理

老年人身体协调能力差，大脑反应慢，在家中出现轻微外伤、烫伤的几率较大。除了防患于未然，积极消除如本章第二节介绍的老人居家易发生的安全隐患外，对发生的轻微外伤、烫伤等，可按下列方法处理。

1. 浅表外擦伤

（1）如外伤较浅、创面小，表面又较干净，可用无菌棉签蘸 75% 酒精涂抹。

（2）如外伤较深，伤口又有污物，应先用加盐凉开水冲洗伤口，然后再用无菌棉签蘸 75% 酒精进行清创消毒。

（3）伤面处理干净，裸露为好。

（4）如伤口深，有污物，不要自行处理，应到医院处置。

提　示

冲洗或涂抹酒精消毒伤口要从伤口中心开始，逐渐往外进行。

2. 轻微烫伤

方法同第七章第三节表 7—10 中婴幼儿烫伤的简易处置办法与注意事项。

三、老年人跌倒的处理

老年人容易跌倒。由于骨质的变化，老人一旦跌倒很容易造成扭伤、骨折，严重的还会有生命危险。所以，在照料老年人时，一定不能忽略对老年人跌倒的预防。

1. 老年人跌倒的原因

老年人跌倒的原因很多，常见的有以下几种：

（1）肢体功能障碍。老年人腿脚不便、行动迟缓，一旦身体失去平衡，很难灵活应对。

（2）身体机能老化。身体虚弱，头晕目眩，视力下降，贫血、姿势性低血压等，致使行动协调功能减退，反应迟钝。

（3）精神状态不佳。精神恍惚，意识混乱，注意力不集中，警觉性与合作度差。

（4）环境设备缺陷。如地面湿滑、过道有阻碍物、室内照明不当、床位过高以及给老人穿不适当的鞋子等，都可能引发老人跌倒。

2. 对老年人跌倒的预防

（1）要掌握与跌倒有关的“三最”：

1）最常发生跌倒的活动是：进、出洗手间。

2）最常发生跌倒的地点是：浴室、厕所、床边和过道。

3）最常发生跌倒的时间是：半夜或清晨起床时。

有效预防老人跌倒，就要对以上“三最”中的活动内容、敏感地点、时间段等予以格外关注，并实施重点监护。

（2）要注意居住环境的维护和对老人导致跌倒行为能力的约束，主要有：

1）最好不要轻易改变老人的生活环境。熟悉的环境，可使老人行动起来更有数，更安全。

2）不要人为地造成老人易滑倒的环境，如地上不能留有水迹、浴室要避免湿滑、不慎丢落的果皮要及时清理、地上有孩子的小玩具要及时收起来等。

3）维持室内照明，保持室内物品放置有序。

4）提醒老年人在变换体位时放缓速度。

5）善意约束老年人一些“不服老”的行为，如爬高上梯、勉为其难地干自己力所不及的事情等。

6）避免老年人单腿直立穿脱裤子。

7）老年人的裤脚不要太长，鞋子要合脚，鞋底不要打滑。

3. 对老年人跌倒后的处理

（1）立即通知家人。

（2）如老人意识不清，家政服务员应立即拨打急救电话。

（3）如老人有外伤、出血，应立即止血、包扎。

（4）如老人有呕吐，应将其头部偏向一侧，并清理口、鼻腔呕吐物，保证呼吸通畅。

（5）如有抽搐，应移至平整软地面或身体下垫软物，防止碰、擦伤，必要时牙间垫较硬物，防止舌咬伤，不要硬掰抽搐肢体，防止肌肉骨骼损伤。

（6）如呼吸、心跳停止，应立即进行胸外心脏按压、口对口人工呼吸等急救措施。

（7）如需搬动，应保持平稳、尽量平卧。

思考与练习

1. 照料老年人日常洗漱、洗澡的注意事项？
2. 老年人膳食有哪些要求？
3. 老年人饮食制作的“六宜”“四忌”是什么？
4. 谈谈你对家政服务员既是“及时雨”又是“出气筒”“消音器”的理解。

综合训练

1. 王教授今年72岁，患高血压已经有十几年了，平时都是家政服务员小王照料他的生活起居。在最近一次单位体检中王教授又被查出患上了糖尿病，从那以后，王教授的情绪一直十分低落，稍有不顺心就发脾气，吃饭也没什么胃口，还总是失眠。如果你是小王，你打算怎样调整王教授的情绪，帮助王教授正确面对自己的病情，同时在饮食和生活照料方面应注意哪些问题。

2. 李奶奶今年74岁了，患脑血栓已有8年，右侧肢体活动受限，日常起居等都是由家政服务员小李来照料的。今日小李要给李奶奶洗澡并换上开襟的上衣和裤子，假设你是小李，你准备如何操作。

9 第九章　护理病人

现代化的生活方式给人们生活品质带来变化的同时，许多慢性病也悄然而至。高血压、高血脂、糖尿病基本成为常见病、多发病，由此引发的卧床病人也不在少数。家政服务员对病人实施护理照料，既要有较强的责任心和爱心，还应具备一定的护理常识和专业技能。只有这样，才能因人而异地照顾好病人的饮食起居，满足病人及家庭的需求。

第一节 饮食料理

一、常见病人的饮食要求

病人不同于正常人，其饮食有一定的特殊性，慢性病与急性病患者因病种和病因的不同，其饮食需求也不尽相同。对此，家政服务员要详细了解，区分不同情况，有针对性地为病人提供饮食照料。

1．常见急性病人的饮食要求

这里所说的家庭中常见急性病人一般指感冒、发烧、腹泻的病人，其饮食要求见表 9—1。

表 9—1　　常见急性病人的饮食要求

疾病	饮食种类	餐次安排	注意事项
感冒	1. 饮食宜清淡细软。宜食白米粥、牛奶、玉米面粥、米汤、烂面、蛋汤等流质或半流质饮食；恢复期可食用米饭、馒头、稀饭、蒸包、发面饼、豆沙包等软食 2. 宜多饮开水、多吃水果、蔬菜。风寒型感冒可多食生姜、葱白、香菜等；风热型感冒宜多食油菜、苋菜、菠菜等；暑湿型感冒宜多食茭白、西瓜、冬瓜、丝瓜、黄瓜等；邪热稍平时，宜多食西红柿、藕、柑橘、苹果、荸荠等 3. 适当补充开胃健脾的食物，如大枣、银耳、黄豆、黑木耳等	流质、半流质饮食 4～6 次 / 日 软食每日三餐，两餐之间可加餐	1. 风寒型感冒忌食生冷瓜果及冷饮等 2. 风热型感冒发热期忌食油腻荤腥及甘甜食品，如大鱼大肉、糯米甜食、油炸食品等，也不宜食用辣椒、狗肉、羊肉等辛热的食物 3. 暑湿型感冒除忌肥腻外，还忌过咸食物，如咸菜、咸鱼等 4. 忌饮酒和浓茶，更不要用浓茶水服药

续表

疾病	饮食种类	餐次安排	注意事项
发烧	发烧时首先供给充足水分，其次是补充大量维生素，然后才是供给适量的热量及蛋白质，饮食应以流质、半流质为主	流质、半流质饮食4～6次/日 软食每日三餐，两餐之间可加餐	1. 忌多喝茶、冷饮、蜂蜜 2. 忌多吃鸡蛋、姜、蒜、辣椒之类的温热、辛辣食品 3. 忌强迫进食
腹泻	1. 以流质和半流质食物为主，宜进食细软、少油的饮食，如藕粉、米汁、米粉、细挂面、软面片、稀粥及菜汤或果汁 2. 为了增加维生素C又不使腹泻加剧，可选用含纤维素少的水果，如菠萝、苹果泥或煮熟的苹果	流质饮食6次/日 半流质饮食4～5次/日 软食3次/日，上、下午可分别加餐	1. 急性腹泻期间，有时需要短暂禁食，以使肠道得到休息 2. 忌食容易引起肠蠕动及肠道胀气的食品，如蜂蜜、生葱、生蒜、黄豆等 3. 腹泻严重时，为防止病人脱水，应提醒家人送病人去医院补水

2．常见慢性病人的饮食要求

这里所说的家庭中常见慢性病人一般指糖尿病、高血压、冠心病和癌症病人，其饮食需求见表9—2。

表9—2　　常见慢性病人的饮食需求

疾病	饮食种类	餐次安排	注意事项
糖尿病	1. 可基本随意选用的食物：绿叶蔬菜、瓜茄类、不含脂肪的清汤、茶等 2. 可适量选用的食物：米饭、馒头、荞麦、燕麦、玉米等粮谷类，绿豆、红小豆、黄豆及其制品，鱼、虾、瘦肉、禽肉、蛋类，鲜奶、酸奶、土豆、山药、南瓜等 3. 限制食用的食物：蔗糖、冰糖、红糖、蜂蜜等糖类，各种糖果、蜜饯、甜点、糖水罐头等，可乐等含糖的饮料，黄油、肥肉、油炸物品等高脂肪食品，米酒、啤酒、黄酒、果酒及各种白酒等酒类	一日三餐，两餐之间可加水果、无糖饼干等	主食应限量

续表

疾病	饮食种类	餐次安排	注意事项
	4. 血糖正常的情况下，两餐之间可吃点含糖量低的水果，如柚子、橙子、柠檬、西瓜、草莓等（任选一种），血糖控制不好的患者暂时不要吃水果，可用西红柿、黄瓜代替 5. 优质蛋白（大豆、瘦肉、鱼等）不少于30% 6. 主食控制量： 卧床病人：200 ~ 250克／日 轻度活动病人：300 ~ 350克／日		
高血压	1. 控制能量摄入，提倡吃复合糖类食品，如淀粉、玉米等；早餐应以低脂牛奶、豆浆、馒头、面包、面条为主，少吃油炸食品，如油条、油饼等 2. 多吃新鲜蔬菜、水果，每天吃新鲜蔬菜不少于500克，水果200克 3. 多吃含钾、钙丰富而含钠低的食品，如土豆、茄子、海带、莴苣和含钙高的食品，如牛奶、酸奶、虾皮等 4. 适量摄入蛋白质，每日摄入蛋白质的量以每千克体重1克为宜 5. 适量增加海带、紫菜、海产鱼等海产品的摄入 6. 限制脂肪摄入，烹调时选用植物油 7. 限制盐的摄入，每日应限制在5克以内 8. 进食不宜过饱，每餐应控制在八成饱以内	一日三餐	1. 忌喝浓茶、咖啡及含咖啡因的饮料 2. 限制钠盐，可补充钾盐 3. 标准体重（千克）=身高 -105
冠心病	1. 适宜进食的食品： （1）谷类，如小米、高粱、大豆、小麦等 （2）豆及豆类制品，如黄豆、豆浆、豆腐等 （3）蔬菜，如洋葱、大蒜、绿豆芽、冬瓜、韭菜、青椒等 （4）菌藻类，如香菇、木耳、海带、紫菜等 （5）水果、茶叶 2. 适当进食的食品：瘦肉、鱼类、植物油、鱼油、奶类、鸡蛋等 3. 少食或忌食的食品：	坚持少吃多餐，细嚼慢咽，不可暴食暴饮	每日应限盐在6克以内

续表

疾病	饮食种类	餐次安排	注意事项
	（1）动物脂肪，如猪油、黄油、羊油、肥肉等 （2）动物脑、骨髓、内脏、鱼子等 （3）糖、酒、烟、巧克力等 （4）软体动物及贝壳类动物		
癌症	1. 食用富含淀粉和蛋白质的植物性主食，应占总能量的 45% ~ 60%，精制糖提供的总能量应限制在 10% 以内，尽量食用粗加工的食物 2. 保持足够的蛋白质摄入量。经常吃些瘦猪肉、牛奶、鸡蛋、家禽等。如病人厌油腻荤腥，可换些蛋白质含量丰富的非肉类食物，如豆类食品等 3. 多进食富含维生素的新鲜蔬菜和水果，如油菜、菠菜、小白菜、西红柿、山楂、鲜枣、猕猴桃等 4. 应多吃煮、炖、蒸等易消化的食物，少吃油煎食物 5. 放疗后可多吃一些滋阴生津的甘凉食物，如藕汁、荸荠汁、梨汁、绿豆汤、冬瓜汤、西瓜等 6. 化疗期间可吃枸杞、红枣、黄鳝、牛肉等有助于升高白细胞的食物以及山楂、萝卜等健脾开胃食品 7. 手术后病人气血亏虚，可吃人参、银耳、山药、红枣、桂圆、莲子等，以补气养血	根据病情，遵医嘱	1. 不吃腌渍、霉变、烧烤、烟熏食品以及色素、香精、烈性酒等 2. 避免吃不宜消化的食物 3. 不偏食、不过食，适可而止

提　示

癌症病人最突出的表现就是食欲差，尤其在化疗及放疗后不仅不思饮食，还反复呕吐，加之瘤体在病人体内生长，不断夺取营养，所以癌症病人非常消瘦。家政服务员为癌症病人制作饮食，要听取专业医生的建议，根据病人的口味，给予耐心照顾和精神鼓励，尽量满足病人需求，增强病人的信心。

二、常见病人的饮食制作

1．饮食制作的原则

（1）配合病人治疗的需要。如癌症晚期的病人，多由医生为其制定食谱，家政服务员可遵照医嘱执行。

（2）发挥饮食的干预作用。在饮食制作中，有意识地做到低钠、低脂、补钾、补钙、控量等，可减轻许多疾病的症状，也能在一定程度上控制和稳定病情，如高血压、冠心病等。

（3）体现食疗的辅助作用。在饮食中注意控量、低脂、少盐、增加纤维素等，可较有效地防止一些疾病并发症的发生，达到带病延寿的目的，如糖尿病等。

2．部分常见病患者的饮食制作

（1）高血压、高血脂病人的饮食制作。

【实例 1】 山楂粳米粥（见图 9—1）

原料：山楂 30 ～ 45 克（或鲜山楂 60 克），粳米 100 克，砂糖适量。

制作方法：将山楂煎取浓汁，同粳米同煮，粥将熟时放入砂糖。

服法：作点心热服。

作用：开胃、降脂。

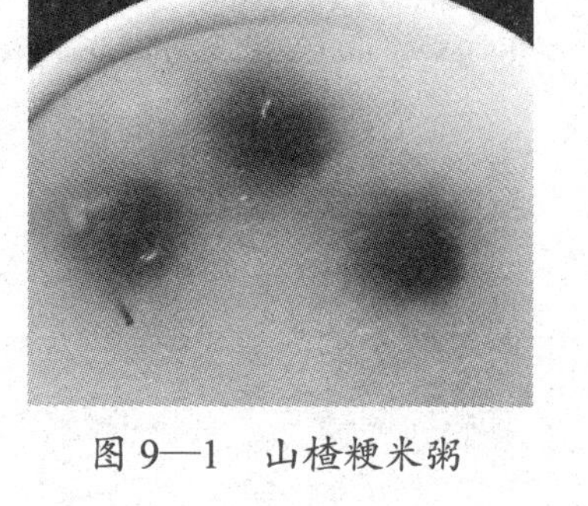

图 9—1　山楂粳米粥

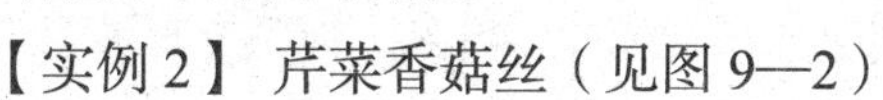

【实例 2】 芹菜香菇丝（见图 9—2）

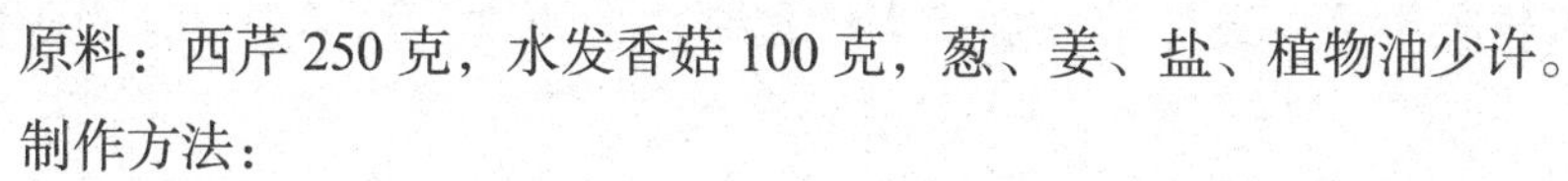

原料：西芹 250 克，水发香菇 100 克，葱、姜、盐、植物油少许。

制作方法：

1）将西芹洗净切段，用沸水焯过备用，香菇去蒂切细丝。

2）炒锅放油，将葱花、姜丝爆香，放入芹菜段、香菇丝翻炒，加少许盐炒匀即可。

作用：平肝清热，降血压、血脂。

图 9—2　芹菜香菇丝

【实例 3】 洋葱炒肉片（见图 9—3）

原料：瘦猪肉 100 克，洋葱 100 克，盐、酱油、料酒水淀粉、植物油少许。

制作方法：

1）将猪肉洗净切片，用料酒、酱油腌好备用。

2）将洋葱洗净后切片。

3）油锅烧热后，先将洋葱炒香，再将肉片倒入一并炒熟，勾芡，加盐略炒即可。

作用：健脾理气、开胃、降血脂。

图 9—3　洋葱炒肉片

提　示

将洗净的洋葱放入碗内，在冰箱冷藏 1 小时后再切，可防止眼睛流泪。

（2）糖尿病病人的饮食制作。

1）科学安排主、副食。主食要定量，营养要均衡。碳水化合物供应占总热量的 55% ~ 65%，蛋白质不少于总热量的 15%，饮食总热量的 25% ~ 30% 应来自脂肪和油。

2）严格控制糖的摄入量。家政服务员采购时要选择无糖食品，制作菜肴时要避免加糖烹制。

3）合理进食水果。一般而言，西瓜、苹果、梨、橘子、柚子、猕猴桃等水果含糖量较低，对糖尿病病人较为合适，而香蕉、菠萝、红枣、荔枝、葡萄等水果含糖量较高，糖尿病病人不宜食用。

表 9—3 中提供了糖尿病病人 5 天的简易食谱，供家政服务员参考。家政服务员可遵照糖尿病病人饮食制作的原则，触类旁通地做出既多样、可口，又能辅助配合病人治疗的饭菜。

表 9—3　　糖尿病病人 5 天简易食谱

星期／餐次	星期一	星期二	星期三	星期四	星期五
早餐	鲜牛奶 1 袋，面包片 2 片，煮鸡蛋 2 个，拌木耳	鲜牛奶 1 袋，馒头 2 片，肉松 1 匙，卤鸡蛋 1 个	鲜牛奶 1 袋，小笼包 50 克，蒸蛋羹	鲜牛奶 1 袋，全麦面包 50 克，煮鸡蛋 1 个，拌芹菜豆腐皮	鲜牛奶 1 袋，葱油卷 50 克，茶叶蛋 1 个，拌苦瓜

续表

星期 餐次	星期一	星期二	星期三	星期四	星期五
午餐	米饭100克，氽鸡丸黄瓜片，炒三丝，菠菜豆腐干拌	荞麦面条100克，红烧带鱼，芹菜拌豆干，醋熘大白菜	大米荞麦饭100克，冬瓜瘦肉片，小白菜豆腐汤，盐水大虾2个	猪肉白菜蒸包100克，雪菜豆腐，清炒莴苣丝，冲25克燕麦片	大米荞麦饭100克，香菇菜心，清炒虾仁黄瓜
晚餐	千层饼100克，红烧牛肉海带，醋熘白菜，凉拌卷心菜心	杂粮窝头100克，红焖羊肉，韭菜炒豆芽，香菇笋片油菜	两面馒头100克，蒸鲳鱼，蒜蓉油麦菜，凉拌白菜心	大米荞麦饭100克，葱烧海参，炒胡萝卜丝，丝瓜豆腐蛋花汤	荞麦面条100克，红烧兔肉萝卜，海米炒芹菜，凉拌海蜇黄瓜丝
附注	两餐之间可吃黄瓜、西红柿、柚子				

（3）癌症病人的饮食制作。癌症的种类不同、发展时期不同、治疗阶段不同以及癌症患者的身体差异等，使得为癌症病人制作饮食的要求大不相同。因此，为癌症病人制作饮食不能一概而论，应多与患者及其家人沟通，了解需求，根据病情，遵从医嘱，为病人制作适宜的饭菜。以下举例，仅供参考。

【实例1】冬菇豆腐汤（见图9—4）

原料：冬菇30克，豆腐400克，油菜一棵，油、盐、葱、味精适量。

制作方法：

1）冬菇洗净，温水发开，去蒂，切丝（保留菇水），豆腐切成丁，油菜去根洗净一切二葱切碎。

2）将冬菇、豆腐一起放入锅内煮汤。煮沸后加入油菜、油、盐、葱花煮片刻，放入味精，离火食用。

作用：清热解毒，健脾益胃。

适用范围：癌症患者的辅助食疗。

图9—4　冬菇豆腐汤

【实例2】 枸杞炖羊脊骨（见图9—5）

图9—5 枸杞炖羊脊骨

原料：枸杞50克，羊脊骨1具，盐、葱、姜少许。

制作方法：

1）将枸杞洗净，羊脊骨剁碎，放入沙锅内。

2）沙锅内加入适量清水、葱段、姜片，小火微炖至汤浓肉熟，加少许盐，略炖后离火食用。

作用：枸杞能促进细胞产生干扰素，羊脊骨有补肾作用，两味合用益气补血，健脾补肾。

适用范围：适宜重症癌症病人食用。

【实例3】 胡萝卜猪肝汤（见图9—6）

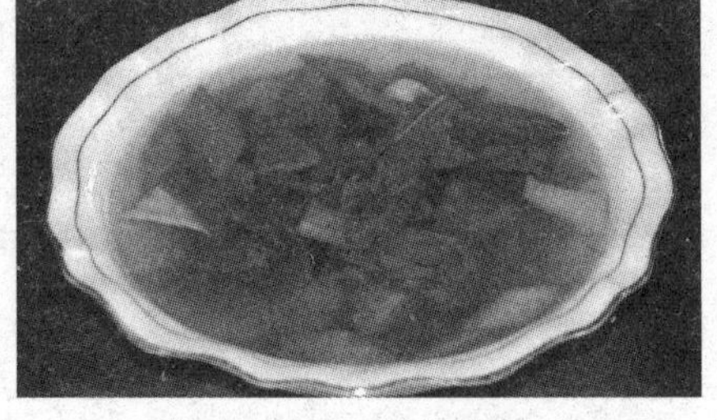
图9—6 胡萝卜猪肝汤

原料：胡萝卜250克，油菜心100克，猪肝120克，姜、盐少许。

制作方法：

1）将胡萝卜洗净切片，油菜心洗净，猪肝洗净后切片。

2）锅内加适量水，先放胡萝卜片煮熟，再放猪肝、油菜、姜片煮熟，加少许盐，略煮后离火食用。

作用：胡萝卜有防癌、抗癌作用，猪肝有补血作用，两味合用益气养血，有抗癌作用。

适用范围：放、化疗后白细胞下降者。

【实例4】 番茄豆腐鱼丸汤（见图9—7）

图9—7 番茄豆腐鱼丸汤

原料：鱼肉200克，番茄250克，豆腐1块，葱1根，盐少许。

制作方法：

1）将番茄、豆腐洗净切块，葱切葱花。鱼肉洗净后剁成鱼茸，调味，搅起上劲做成鱼丸。

2）锅内放适量水，将锅置火上，放入豆腐大火煮开后放入番茄，水开后放入鱼丸、葱花煮熟，放少许盐调味。

作用：营养价值高，色美，增食欲。

适用范围：各种癌症患者放、化疗期间的滋补。

【实例 5】 山楂酸梅汤（见图 9—8）

原料：山楂 100 克，酸梅 50 克，白菊花 10 克，白糖 100 克。

制作方法：山楂、酸梅洗净，加水煮至果烂，搅入白糖，加白菊花即可。

作用：三味合用清热、生津、增食欲，可日常当水随意饮用。

适用范围：各种癌症患者在放、化疗期间出现口干症状时饮用。

图 9—8 山楂酸梅汤

三、照料卧床病人用餐与服药

卧床病人往往已丧失自理能力，需要依靠他人帮助用餐和喂药。卧床病人因活动量小、消耗少、食欲差，加之疾病折磨，对其进行饮食照料的难度会更大。如果缺少耐心细致的照料，病人会越吃越少，抵抗力会越来越差，甚至极易发生其他并发症。因此，家政服务员在照料卧床病人时，要做到“三个定时”，即每天定时喂饭、定时喂水、定时喂药，以维持病人的正常进食和常规药物治疗。

1．为卧床病人喂送饭菜

（1）喂前准备。

1）饭前半小时开窗通风换气。

2）病人如有便意，先照顾病人大小便，便后将便器清洗干净。

3）给病人擦嘴、漱口、洗手，不能漱口者用棉签蘸温水擦口腔。

4）非紧急的治疗、检查等工作可暂停，为病人创造轻松愉快的进餐环境。

5）让病人取坐位、半坐位或侧卧位，胸前围上毛巾或围嘴。

6）确定饭菜温度适宜。

（2）喂饭。

1）喂饭时先用汤匙接触病人唇部，轻轻压住下唇，再将饭菜送入口中。

2）在顺序上掌握先喂几口汤，以湿润病人口腔，刺激其食欲，喂汤时，应用汤匙从舌边缓缓喂入病人口中，切勿从正中直接倒入，以免呛入气管。

3）饭、菜、汤要轮流喂，每次的喂入量要适中，喂饭节奏要适中，要让病人细嚼慢咽。

4）边喂饭边与病人进行语言和情感交流，鼓励病人心情舒畅地吃好饭。

（3）喂后处理。

1）询问病人是否吃饱。

2）给病人漱口，不能漱口者用棉签蘸温开水擦洗。

3）擦净病人嘴角饭渍，撤掉毛巾（围嘴）和餐具。

4）整理好床铺，根据病人意见安排病人休息。

5）待病人躺好后再清洗餐具和毛巾、围嘴等。

2．为卧床病人喂水

水是生命之源。人体的新陈代谢、体温的恒定和消化吸收都离不开水，尤其是病人，如果喝水少，口腔唾液分泌就少，就会口干舌燥，影响食欲。同时，喝水少，还会使尿液浓缩，量少，体内分解的废物不能正常排出，长此以往会影响肾功能。所以，家政服务员在制作饮食时除多做些汤、粥外，还要在两餐之间多提醒病人喝水，对不能自主喝水的病人，要喂水。

喂水的方法与注意事项如下：

（1）取喂饭体位，为病人围上毛巾或围嘴。

（2）调试水温，可将水滴一滴在手背上感觉水温。

（3）喂水时可用小匙、吸管、小茶壶等工具和器皿。

（4）喂水要耐心，速度不宜太快，不能催促病人，更不能强行灌喂。

（5）选择两餐之间喂水，且要掌握少喂、勤喂的原则。

3．为卧床病人喂药

为病人喂药也要经历“喂前准备”“喂药”“喂后处理”三个步骤：

（1）喂前准备。一是物品准备，包括围嘴、纸巾、温开水、药品、药勺等，遵医嘱或用药说明取出所服剂量药品，注意药品不要直接用手拿取；二是协助病人取坐位或半坐位，身后垫物品支撑，戴上围嘴。

（2）喂药。用小药勺紧贴病人嘴唇；将药轻轻送入口中，如病人吞咽困难或不合作，可将固体药品捣碎后加水和匀，用小勺轻轻压住舌头一侧，直至病人吞咽。最后喂服温开水。

（3）喂后处理。喂药结束，收好药品，清洁病人面部留存药液，摘下围嘴，清洗并消毒药杯、药勺，以防交叉感染。

提　示

1．不要让病人干吞药物，以防药物粘在食管上，引起食管炎。

2．不要让病人躺着服药，也不宜服药后立即躺下，应至少保持坐姿3～5分钟。

第二节　生活料理

一、照料卧床病人日常洗漱

病人由于长期患病，体力不支，不能进行正常清洗，特别是卧床病人，身体受压的部位长期得不到通风，因而不同程度地影响着皮肤的新陈代谢作用。家政服务员照料病人的生活，其中给病人进行经常性的盥洗和卫生护理，是一个非常重要的方面。

1．起床后的洗漱

（1）漱口或刷牙。

1）物品准备：漱口杯内盛2/3温水、牙刷、牙膏、毛巾、塑料布、痰盂。

2）方法。

能坐起者：扶病人坐起→递给病人口杯漱口→牙刷上挤2/3牙膏→病人自己刷牙→漱口→擦嘴。

卧床者：在病床边铺一块大塑料布，上铺一块大毛巾→漱口杯内放2/3温开水→让病人含漱→吐入痰盂→擦嘴。

（2）洗脸。

1）物品准备：脸盆、香皂、毛巾、温水半盆。

2）方法。

能坐起者：扶病人坐起，后背靠妥→毛巾浸湿，先擦脸→将肥皂打入手中搓洗至起泡→用双掌按摩、清洗病人脸部→用清水冲洗→用干软毛巾轻轻拍干→抹润肤霜。

卧床者（见图 9—9）：在病床边铺一块大毛巾→服务员用枕头将病人头部稍稍垫高→将毛巾浸湿缠在手上→帮助病人擦洗脸部→擦干脸部→抹润肤霜。

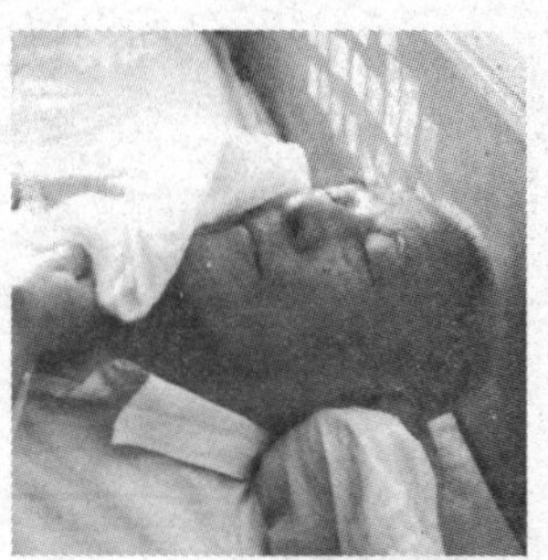

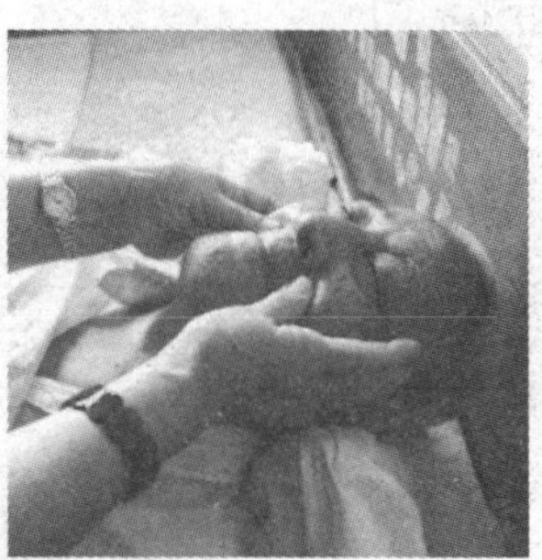

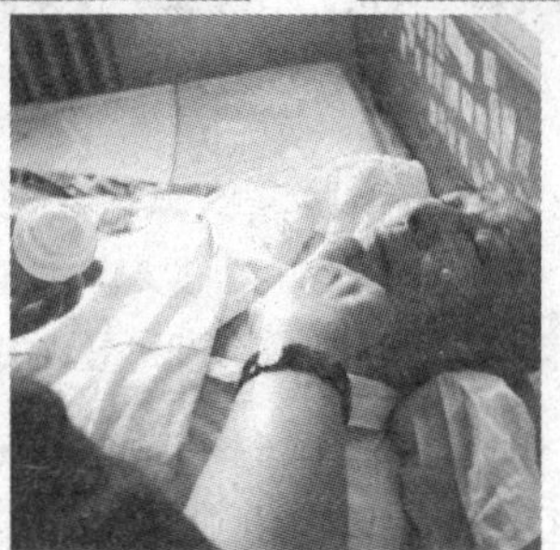

图 9—9　给卧床病人洗脸

（3）洗手。

1）物品准备：脸盆、香皂、毛巾。

2）方法。

能坐起者：脸盆内放温水→手放入温水中→浸湿后搓香皂至起泡沫→手重新入盆冲洗→毛巾擦干→抹润肤油。

卧床者（见图 9—10）：脸盆内盛温水，放于旁边小凳上→将一只手放入盆中浸湿→搓香皂洗净→在盆中涮干净→用毛巾擦干→用同样方法洗另一只手。

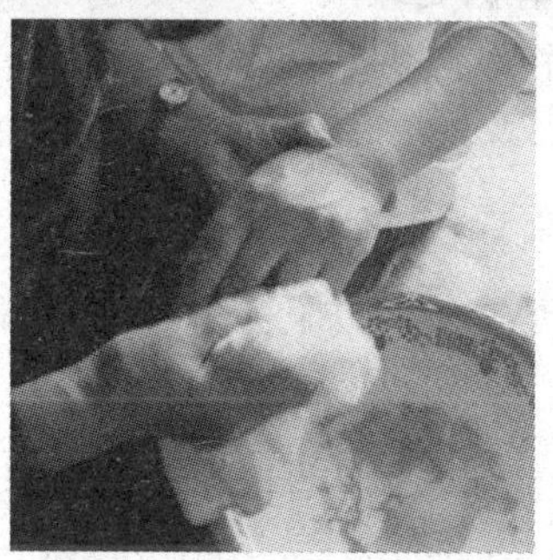

图 9—10　给卧床病人洗手

2．临睡前的洗漱

做好临睡前的洗漱，能为病人创造良好的睡眠条件。

（1）漱口、刷牙、洗脸、洗手同起床后的操作程序。

（2）洗脚。

1）物品准备：脸盆、擦脚毛巾。

2）方法。

能活动者：脚盆内放温水，水面没过脚踝为宜→让病人双腿下垂于床沿下，双脚放于盆内→家政服务员帮助洗脚背、脚底、脚趾缝至皮肤微红、两脚发热→用毛巾擦干双脚→皮肤干燥者可涂润肤霜。

卧床者：准备好温水，将毛巾浸湿→家政服务员用毛巾擦一只脚→清洗毛巾→擦另一只脚。

3）注意事项：洗脚水开始不宜太多，浸泡几分钟后再续热水。洗脚后注意脚部保暖。

（3）洗会阴。

1）物品准备：专用小盆、专用毛巾、便盆、塑料瓶内装温水。

2）方法：在臀下放好便盆→用瓶装温水自会阴上部向下部冲洗（女病人可适当擦肥皂）→用水洗净→冲洗肛门→用湿温毛巾擦干后撤出便盆。

3．照料病人日常洗漱的注意事项

（1）调试水温。可用手先试一下，感觉略烫即可，也可根据病人要求调节水温。

（2）洗脸次数应根据季节、环境、气候等因素决定。如油性皮肤、高温潮湿季节可多洗几次，如干性皮肤、气候干冷应少洗几次。

（3）应用纯棉、吸水性强、柔软的毛巾，毛巾要依照不同用途专人专用，每次用后都应清洗干净、晒干。

（4）在整个洗漱过程中，家政服务员应面带微笑、动作轻柔，最好讲些开心的趣闻，使病人保持愉快的心情。

（5）病人睡前洗漱后，家政服务员要为病人营造安静舒适的睡眠环境，给病人铺好被褥，照顾病人选择舒适睡姿躺好，放下窗帘，调好灯光，为病人盖好被服，使病人安然入睡。

4．为卧床病人洗头

（1）物品准备：塑料布，大毛巾 2 条，小毛巾 1 条，洗发液、梳子，水壶 1 个（内装 40℃左右温水）。

（2）洗头步骤：将枕头置于床沿→在床沿及枕头边沿铺塑料布→病人仰卧，头部探出床沿，肩下垫枕头→解开病人衣领向内折卷→颈部围上毛巾，小毛巾遮盖双眼→松散开头发垂于床沿下→用温水冲湿头发，抹上洗发液搓洗并按摩头皮→用温水冲洗净洗发液→用干净毛巾擦净面部、颈部→取出枕头、塑料布和围在颈部的毛巾→为病人擦干头发、整理衣服→枕头垫大毛巾→将病人放至舒适位置，盖好衣被→头发干后取下大毛巾，梳顺头发。

（3）注意事项：

1）洗头前关闭门窗，调好室温。

2）病人头不能探出床沿太多，洗头时，应一只手托住病人的头部，另一只手取物、洗头。

3）避免洗发液泡沫和水流进病人眼睛和耳道。

4）洗头后必须将头发擦干净，女病人头发过长，可用电吹风机吹干。

提　示

如头发较脏，可重复多用几次洗发液，以保持头发松散、润滑，让病人感觉舒适满意。

5．为卧床病人擦澡

（1）物品准备：浴巾、毛巾、肥皂、换洗衣物、大脸盆（50 ~ 60℃热水）。

（2）关好门窗，调节好室内温度（以 24 ~ 26℃为宜）。

（3）擦澡顺序：面部→颈部→两侧腋下及上臂→胸部、腹部→背部→两侧大腿根、腿→ 脚。

（4）注意事项：

1）如病人肢体有病，脱穿衣服应采取“先脱健康一侧，再脱患病一侧，穿时相反”的方法。

2）如病人身上有伤口，不要让伤口沾水，以免感染。

3）如病人长期卧床，擦澡时要查看经常受压部位的皮肤是否发红，是否破皮，如发现异常，应及时请医生处理，或在其受压部位涂 50% 酒精或正红花油，然后轻轻按摩，以促进皮肤血液循环。

4）如病人较胖或在炎热的夏季，擦完澡后应在其皮肤皱褶处涂抹爽身粉，以保持皮肤干燥。

5）擦洗时毛巾上的水要拧干，以免弄湿床铺。

6）擦澡时不能把被子全部掀开，也不要把衣服全部脱光，擦哪个部位暴露哪个部位，注意擦净皮肤皱褶处，擦的动作要轻、快，擦完立即盖好被子，以免病人受凉感冒。

7）为卧床病人擦澡要面带微笑，动作轻柔，最好边为病人擦澡边讲些社会趣闻及健康知识，让病人擦澡的同时得到精神抚慰。

8）擦澡完毕，整理病人床铺，需更换的床单、被罩要及时更换、清洗、晒干。

二、为卧床病人处理便溺

长期卧床病人大小便不能自理，非常痛苦。有的病人很要面子，不到万不得已不求别人帮忙。所以，家政服务员应设身处地地为病人考虑，经常提醒、主动询问病人是否需要大小便。病人大小便时要为其创造适宜的排便环境，切勿取笑、戏弄病人，更不能在病人面前流露出厌烦情绪。

1．物品准备

坐便架、扁平便盆、卫生纸、专用小盆、小毛巾、痔疮软膏等。

2．帮助病人便溺方法

（1）如病情允许，可将病人扶起或抱下床，让病人坐在坐便架上，架下放便盆。

（2）如病人卧床体力不支或病情严重，家政服务员先协助病人将裤子褪至膝盖处屈膝，一只手托起病人腰骶部，将病人臀部抬起，另一只手将便盆放于病人臀下。便毕，用同样方法取出便盆。

（3）便后用卫生纸帮病人擦净下身，必要时用温水冲洗会阴及肛门。如病人患有痔疮，可用棉签蘸痔疮软膏涂于痔疮周围。

（4）让病人躺舒适，整理床铺，清理杂物。

3．注意事项

（1）座便架要结实，放置要平稳，以免摔伤病人。

（2）为病人放、取便盆时，一定要将病人臀部抬高，轻放轻取。

（3）有时病人大小便不利索或便溺时间长，家政服务员要有耐心，有时便到便盆外，也不要对其呵斥，应及时进行清理。

三、为卧床病人测量体温

当病人自述头痛、全身痛、不舒服时，除了详细询问不适的感觉外，家政服务员做的第一件事就是为病人测量体温，观察病人是否发烧。

1．测量体温的方法

体温有口腔温度、直肠温度和腋下温度三种。为方便安全，一般多为病人测量腋下温度。

（1）测体温前，首先检查体温计的读数，读数应在35℃以下，如高于35℃，则用拇、食、中指捏紧体温计上端（水银柱相反一端），手腕向下甩动，将水银柱甩至35℃以下。

（2）解开病人衣服，擦干腋下，将体温计水银柱端放入病人腋下处。

（3）扶住病人手臂，夹紧体温计 5 ～ 10 分钟后取出。

（4）横拿体温计上端，背光站立，使体温计的刻度与眼平行，缓慢转动体温计，直到清晰地看到水银界面的刻度数。

（5）记录体温，用棉签蘸75%酒精擦拭体温计，然后放入体温计套中。

2．测量体温的注意事项

（1）甩表时注意不要碰到周围的物品，以免打碎体温计。

（2）测量体温应在吃饭、喝水半小时之后，否则会影响测量的准确性。

（3）对意识不清的病人要全程看护，以免体温计滑落。

（4）体温若低于 35℃或高于 37.5℃以上，应在半小时后重新测量一次。

四、为病人做冷、热敷

本教材第七章第三节表 7—11 中对冷、热敷的方法进行了介绍，可参照其内容实施，此处不再赘述。

第三节　异常情况的发现与应对

一、病人常见的异常情况及其应对方法

家政服务员护理照料的病人，以慢性疾病患者居多。这些病人或是年龄较大，或是卧床时间较长，或是不同程度地受药物影响等，很容易出现各种异常情况，有些异常情况甚至会直接威胁到病人的生命。对此，家政服务员应了解有关常识，以便及时发现、及时应对。

1．发热

引起发热的原因多为病毒或细菌感染，如急性上呼吸道感染、急性支气管炎、肺炎、腹泻等。

（1）发热对病人机体的影响：

1）发热时间过长，可使病人体重下降，免疫功能降低。

2）病人可出现食欲不振、口干、恶心、呕吐，甚至脱水症状。

3）高热时病人还可能出现烦躁不安、谵语等症状。

4）长时间发热对病人心理也会产生不良影响，如常常紧张、不安、烦躁、焦虑等。

（2）发热的处置。首先，无论何种原因引起的发热，都应提醒病人家属请社区医生进家诊治或送病人去医院医治，切不可自行盲目服药，以免贻误病情。

其次，要做好发热病人的正常护理，主要有：

1）遵医嘱按时为病人服药。

2）照料病人卧床休息，减少活动，以免过多消耗体力。

3）经常喂水，掌握勤喂少喝的原则。

4）持续高热不退可先采取物理降温的方法，如前额敷冷毛巾、头枕凉水袋等，然后立即去医院诊治。

5）多对病人进行劝慰，消除其紧张、焦虑情绪，树立康复信心。

2．脑中风

和其他疾病一样，脑中风也有一些先兆。作为服务病人的家政服务员，了解这些先兆，可实施有效预防或在患病时得到及时恰当的救助。

（1）脑中风的十种先兆：

1）头痛，多为持续性头痛。

2）一侧肢体麻木或半侧面部麻木，舌、口唇发麻。

3）突然一侧肢体活动不灵或无力，且时发时停。

4）暂时或突然出现吐字不清晰、言语受阻。

5）突然出现不明原因的跌跤、晕倒。

6）精神改变，如个性突然改变或出现短暂的判断障碍和智力障碍。

7）嗜睡，鼾样呼吸。

8）突然出现一时性视物不清或眼前一黑。

9）恶心、呕吐或呃逆，血压波动并伴有头晕、眼花或耳鸣。

10）鼻出血，特别是频繁鼻出血，则为高血压脑出血的近期先兆。

（2）处置方法：

1）只要发现病人有以上 2 ~ 3 个症状，就应予以关注。

2）脑中风病人最好在发作 3 小时内得到有效治疗。发现脑中风，应使病人仰卧，解开领口纽扣，松开腰带，头肩部稍垫高，头偏向一侧，防止呕吐物回流吸入气管造成窒息。如果病人口鼻中有呕吐物阻塞，应设法抠出。

3）如果病人尚清醒，要注意安慰病人，以缓解其紧张情绪。

4）及时拨打急救电话。在没有得到医生明确诊断前，切勿擅自给病人用止血剂、降压药或其他药物。

3．腹痛

腹痛多半由于消化系统的器官和组织发生功能性或器质性病变而引起。

（1）常见腹痛症状：

1）急性腹痛。发病急，在短期内病情加重，随之出现脉搏增快、四肢发冷、大汗淋漓、神志不清等症状，如急性胰腺炎、急性胆囊炎、胃或十二指肠穿孔等。

2）突然腹痛。发病快，但无全身异常情况，有时短期内疼痛减轻，病情好转，多为胆道蛔虫病、输尿管结石等。

3）起病慢、腹痛轻、常反复发作或长期持续隐痛者，应考虑慢性炎症或癌症。

（2）处置方法：

1）病人出现急性腹痛，要立即拨打120急救电话，同时告知其家人。

2）病人出现腹痛，即使情况不危急，也要联系其家人，商量送医院进行检查，以便确诊治疗。

3）无论哪一种腹痛，都不要使用热水袋热敷或自服止痛药，以免掩盖病情，造成误诊。

4．腹泻

（1）腹泻的症状：大便次数增多，大便前腹痛，便稀或便内有黏液、脓血。有时伴有发热、全身无力、食欲减退、恶心、呕吐等。因便稀、食欲差，有可能出现脱水症状。

（2）处置方法：

1）只要病人出现稀水便或黏液、脓血便，伴有发热等，应立即联系其家人送医院诊治。

2）凡腹泻病人都要查便常规。家政服务员应将病人少量大便放置于塑料袋中，到医院进行化验检查。

3）未查明腹泻原因，不要自行服药。

4）腹泻病人饮食宜清淡、少渣、好消化，如藕粉、米粉等。要勤喂水，量宜多。

5）如病人便溺在床上和裤子中，要给予及时清理，用温水洗肛门，更换床单、褥子、内裤、裤子等。

病人口渴、尿量减少多为脱水症状。

5．咳嗽

咳嗽是人体清除呼吸道分泌物或异物的保护性反射活动，因咳嗽感受器受刺激引起。咳嗽感受器主要分布在上呼吸道、气管和支气管。咳嗽虽然于人体有有利的一面，但剧烈、长期咳嗽可导致呼吸道出血。故如病人咳嗽不止，应予以注意。

（1）咳嗽症状：

1）干咳多为无痰或痰量较少的咳嗽，多见于咽炎、急性支气管炎痰量较多者为慢性支气管炎及支气管扩张。

2）痰的颜色不同，提示发生咳嗽的原因不同。无色透明痰多为病毒感染，痰呈黄色多为细菌感染，绿色痰多为绿脓杆菌感染，铁锈色痰多为大叶性肺炎，如夜间咳出大量粉红色泡沫痰是心力衰竭表征。

3）病人偶尔咳嗽 1 ~ 2 声，多为咽炎、上呼吸道感染；咳嗽合并发热，说明有感染；夜间咳嗽伴喘息，应考虑左心衰竭；如在清晨起床或夜间躺下咳嗽加剧，应考虑气管感染或支气管扩张。

（2）处置方法。病人出现咳嗽，并伴有发烧、咳痰（痰液异样）、胸痛等症状，尤其是长期咳嗽的病人，家政服务员要及时向其家人汇报，送病人去医院进行检查、诊断、治疗。

（3）咳嗽防治注意事项：

1）注意居室温度。保持舒适、清洁的居住环境，室温维持在 18 ~ 22℃。

2）注意空气流通。经常开窗通风换气，保持空气新鲜。

3）关注病人休息。病人咳嗽剧烈、频繁时，提醒病人多休息。

4）保持舒适体位。如病人体力尚可，让病人采取坐位或半坐位，如病人卧床，要经常给病人翻身。

5）给予充足水分。如病人无心、肾功能障碍，每日饮水量应在 1 500 ~ 2 000 毫升，以利于痰液稀释。

6）加强营养调配。适当增加蛋白质、维生素的摄入，有助于机体康复。

提 示

病人采取坐位时，脊椎尽量挺直，以利肺部扩张，利于咳痰。

6．胸痛

胸痛一般指胸部区域的疼痛，多与心绞痛、心肌梗死、心肌缺血、胸膜炎、肺癌、气胸等疾病有关。现将心肌缺血、心梗等疾病发病的先兆作简要介绍，以便家政服务员了解有关知识，做好相关服务。

（1）心肌缺血、心肌梗死的十种先兆：

1）经常感到心慌胸闷。

2）劳累时感到心前区疼痛或左臂部放射性疼痛。

3）早晨起床时突然感到胸部不适。

4）饭后心前区或胸骨后有憋闷感，有时冒冷汗。

5）晚上睡觉胸闷，不能平躺。

6）情绪激动时心跳加快，心脏有明显不适感。

7）走路时间稍长或速度稍快，即胸闷、气喘、心跳加快等。

8）胸部或背部偶有刺痛感，一般 1 ~ 2 秒钟即消失。

9）上楼或从事一些原本很容易的活动，即感到胸闷气喘，而不得不中途停下来休息。

10）浑身乏力，不想多说话。

（2）处置方法：

1）如病人感到胸闷、胸痛、或有以上 2 ~ 3 种症状时，家政服务员应予以重视，一边严密观察病人病情变化，一边迅速和其家人取得联系，告知病人状况。

2）如胸痛严重、胸闷、口唇青紫、大汗淋漓，先给病人舌下含速效救心丸15粒，再联系120急救，同时尽快告知其家人。

3）病人情况特别紧急时，先拨打120急救电话，请医生上门诊治，争取第一时间得到治疗。

二、紧急呼救常识

病人的医疗环境一般可分为两类。一类是居家康复治疗型病人，另一类是住院医疗型病人。这两类病人因医疗环境的不同，在发生紧急情况时的呼救方法也有所不同。

1．居家病人的呼救方法

处于居家环境中的病人一旦发生异常，家政服务员应根据病人的具体情况作相应处置。

（1）病人呼吸平稳，心跳正常，能自主活动，可请社区医生上门为病人做进一步诊疗，也可通报家人，协助安排病人到医院诊疗。

（2）病情严重或无法判断异常情况，应迅速拨打120急救电话，请医生上门提供医疗服务。拨打120电话，要详细告知病人的姓名、居住地址（街道、小区、楼号、门牌号码）、病人病情、联系人姓名、电话等。

（3）如病人家属或亲人不在家，要及时进行联系，如实告知病人病情。

（4）在急救人员未到的情况下，家政服务员要一边观察病情，一边对病人进行安慰，消除病人的紧张情绪。

2．住院病人的呼救方法

（1）如住院病人床头设有紧急呼叫设施，病人发生异常情况，家政服务员只要按动呼叫器，医护人员均会立即到达病人身边，为病人提供医疗服务。

（2）如住院病人床头没有紧急呼叫设施，病人发生异常情况，家政服务员要迅速到护士站或值班医护人员处反映，请医护人员到病人身边提供医疗服务。

发生危急情况时要及时通报病人家属。

思考与练习

1. 对发热病人如何进行家庭护理？
2. 对出现脑中风先兆病人紧急处置原则是什么？
3. 发现胸痛病人如何紧急处理？
4. 简述紧急呼救的方法。
5. 病人的饮食制作原则是什么？
6. 照料病人便溺的注意事项有哪些？

综合训练

李大爷今年65岁，患有高血压、冠心病，55岁那年做过心脏支架手术，常年服药，63岁那年因患脑血栓至今卧床，假设你是李大爷家的家政服务员，你打算怎样照料李大爷的饮食起居，请简要列出一周的工作计划，饮食方面请列举一日食谱，起居方面的照料请列出操作细则。